JN082704

これからの AI× Webライティング 本格講座

AI × WebWriting

ChatGPTで 超効率―●―超改善 コンテンツSEO

瀧内賢【著】

秀和システム

※本書は2024年4月現在の情報に基づいて執筆されたものです。
本書で取り上げているソフトウェアやサービスの内容は、告知無く変更になる場合があります。あらかじめご了承ください。

注意：Geminiの場合は5.2参照
生成はできますが、ChatGPTと同じ結果にはならず、5.2節で解説しています。

Geminiも対応可
ChatGPTと概ね同様の生成結果を得られます（5.2節に解説はありません）。

Geminiでは対応不可
指示に沿った生成結果は得られません（5.2節に解説はありません）。

●注意

(1) 本書は著者が独自に調査した結果を出版したものです。
(2) 本書は内容について万全を期して作成いたしましたが、万一、ご不審な点や誤り、記載漏れなどお気付きの点がありましたら、出版元まで書面にてご連絡ください。
(3) 本書の内容に関して運用した結果の影響については、上記(2)項にかかわらず責任を負いかねます。あらかじめご了承ください。
(4) 本書の全部または一部について、出版元から文書による承諾を得ずに複製することは禁じられています。
(5) 商標
本書に記載されている会社名、商品名などは一般に各社の商標または登録商標です。

はじめに

AI技術の進化は、SEO業界に大きな影響と変化をもたらしました。

近年、SEOの重要性は一段と高まり、その中でもAIの進化によるSEO戦略の変化は、将来にわたり重要なテーマとなりました。

本書では、AIとWebライティングの融合による、SEOコンテンツ作成アプローチについて解説していきます。具体的な戦略や最新の注意点にも焦点を当てています。

ビジネス環境が急速に変化する中、AI技術の進展がSEOにもたらす変革を理解し、最新の戦略を習得することが求められます。

そのため、本書では主にChatGPTを活用して、SEOコンテンツ作成における手法や成功事例を紐解き、皆様が迅速かつ効果的に対応できるようなノウハウを提供しています。

なお、基本的にChatGPTを用いて解説していますが、Gemini（旧Google Bard）など他のAIでも、本書のAI向けプロンプトやSEOノウハウを活用することができます（特筆すべき相違については注釈を入れ、5.2で詳しく解説しています）。

加えて、生成AIを用いたコンテンツSEOをテーマにしているため、『ChatGPT等々…少しは触ったことがあるし、SEOのことも少しは知っているよ！』という、初心者ではなく初級者の方に読んでいただくことを想定しています。

なお、このAIを利用したSEOコンテンツの生成には、従来の手法とは異なるアプローチが必要です。適切なプロンプト（指示文）の設定や言葉の選択は、SEOの成功に直結する要素となります。これらのポイントに加えて、最適な活用法についても具体的な事例を交えて解説します。

全体として、活用には慎重なプランニングが不可欠です。生成されるコンテンツの品質はプロンプト（指示文）に大きく依存するため、SEOに特化したプロンプトの作成が重要です。その際には形式や言葉の選択にも留意しつつ、最適なプロンプトを構築していきます。

最後に、SEOに焦点を当てた本書が、AIとの共創によってSEO戦略を刷新し、Webライティングの新しい次元を拓く一助となることを期待しています。

皆様にとって、本書がSEO分野での活躍に新たな視点を提供し、実践的なスキルの向上に貢献できることを願っています。

2024年4月

瀧内 賢（たきうち さとし）

目 次

第4章 AIを組み入れたコンテンツSEO発展
全体にSEO要素を組み入れる

第5章 ツールを活用したコンテンツSEO
SEOに利活用できるツールとは？

Appendix AI × SEOの実践レポート
Google Search ConsoleでWebサイトを診断する

第 0 章

本書を読み始める前の準備

AIとSEOの融合への道
- 基礎から応用までの準備ガイド

0.1 SEOの基礎から核心へ:理解と応用の第一歩

この節の内容

- そもそもSEOとは
- SEO内部対策と外部対策
- コンテンツSEOの正体

●そもそもSEOとは?

SEOについて、あらかじめ簡単に説明します。SEO(Search Engine Optimization:検索エンジン最適化)とは、検索エンジンの結果ページ(SERP)でWebサイトやページがより高い位置に表示されるように改善することです。

この目的は、オーガニック(非広告)検索からの訪問者数を増やし、最終的にはWebサイトのPRとブランド認知度を高めることにあります。

検索エンジンは、ユーザーにとって価値のあるコンテンツを提供するWebページを識別しようとします。この過程では、数百のランキング要素を用いて評価します。

これらの要素には、ページのコンテンツの質、ユーザビリティ、外部サイトからのリンクの数と質、ページのロード時間、モバイルフレンドリーなどが含まれます。

SEOの重要性は、インターネットが情報検索の主要な手段となっている現代において、ますます高まっています。多くのユーザーは、新しい商品やサービスを探したり、その答えを見つけたりするために検索エンジンを利用しています。

検索結果で上位にランクされることは、Webサイトへのトラフィックを増やし、潜在顧客にリーチするための重要な手段となります。

だからこそ、検索エンジンがWebページをどのように評価し、ランキングを決定するかの理解は、効果的なSEO戦略を立てる上で不可欠です。

そして、そのSEOには、大きく分けて「内部と外部」があります。さらに掘り下げて後述します。

●SEO内部対策と外部対策

SEOは大きく2つのカテゴリーに分けられます。「内部対策」と「外部対策」です。これらは、Webサイトのランキングを改善するために相互に補完し合う役割を果たします。

内部対策

Webサイト内部の要素に焦点を当てた最適化です。これには、コンテンツの質、キーワードの選定とその使用、head要素（title、descriptionなど）、内部リンク構造、画像の最適化、URL構造、そしてサイトのモバイルフレンドリーなどが含まれます。

外部対策

Webサイト外部の施策です。他のWebサイトからのリンクの獲得が中心となりますが、サイトの信頼性、権威性、人気を高めることにもつながります。

高品質なリンクの獲得は、検索エンジンに対して、Webサイトが信頼できる情報源であるという強いシグナルを送ります。ただし、バックリンクの質は量よりも重要であり、関連性の高い、信頼できるサイトからのリンクに最も価値があります。

内部対策と外部対策は、どちらもSEOに不可欠です。ただし、徐々に、内部対策が重要となり、その中でもコンテンツ重視に変化してきています。

そして、コンテンツに関わるSEOのことを「コンテンツSEO」といいます。さらに掘り下げて後述します。

●コンテンツSEOの正体とは？

前述のように、SEOは内部対策が重要視され、中でもコンテンツSEOの重要性が高まっています。

コンテンツSEOの核となる要素、それは、「文字情報（テキスト）」です。

この文字情報をさらに掘り下げると、次のように表現することができます。

上位表示しているWebサイト内において共通の言葉が多く含まれるが、コピー率は低いコンテンツは「オリジナリティの高いコンテンツ」といえるのです。

この表現は、検索エンジンによる評価で重視される「独自性」と「価値提供」の要素を指しています。

Googleなどの検索エンジンは、単にキーワードを多用するだけでなく、そのコンテンツが読者に新しい情報や独自の視点を提供しているかを評価します。したがって、共通のキーワードを含みながらも、他とは異なる独自の内容を提供するコンテンツが評価され、上位表示される傾向にあります。

矛盾しているように聞こえるかもしれませんが、上位表示しているWebサイトを開いてみると、共通の言葉が多く使われているのです。

逆に、上位表示しているサイトに存在している共通の言葉を使用しないと、上位表示させることは難しいといえるのです。

そのため、**共通の言葉を多く使いつつもコピー率を低くする＝オリジナルコンテンツ**という図式が成り立つのです。

この原理を理解することが、コンテンツSEOの第一歩です。さらに掘り下げて後述します。

●共通の言葉とは？

「共通の言葉」とは、特定のトピックやキーワード周辺で自然に出現する、関連性の高い言葉のことを指します。これらの言葉は、トピックに対する深い理解と関連性を示すため、検索エンジンによって好まれます（第3章でも解説します）。

例えば、「健康的な食生活」というトピックであれば、「栄養」「バランス」「ビタミン」などの共起関係にある言葉が自然と含まれるべきです。これらの共通の言葉は、コンテンツが特定のトピックに関連していることを検索エンジンに示し、その結果、検索結果でのランキングを向上させます。

対比する、次の「オリジナルコンテンツの重要性」に続きます。

●オリジナルコンテンツの重要性

一方で、コンテンツのオリジナリティは絶対に欠かせません。検索エンジンは、新規性や独自の視点を提供するコンテンツを高く評価します。単に他のソースからコピーした情報ではなく、独自の分析、意見、解釈を加えたコンテンツが求められています。コピー率が低い、つまり他のどこにもないオリジナルのコンテンツは、検索エンジンによって重宝され、訪問者に新鮮で価値のある情報を提供することができます。一見、「共通の言葉」という概念がオリジナルコンテンツの創造と対立するように感じられるかもしれませんが、実際にはこれらは補完し合う関係にあります。続く「共通の言葉とオリジナル要素の統合」で詳しく解説します。

●共通の言葉とオリジナル要素の統合

重要なのは、共通の言葉とオリジナルコンテンツの間で単にバランスを取ることではなく、それぞれが相互に価値を高め合うような統合を図ることです。

コンテンツSEOにおいては、共通理解される言葉を適切に取り入れつつ、それに独自の視点や洞察を加えることが求められます。この統合により、コンテンツは読者にとってより魅力的で価値のあるものになります。

▼図0-1-1　共通の言葉とオリジナル要素を統合することの重要性

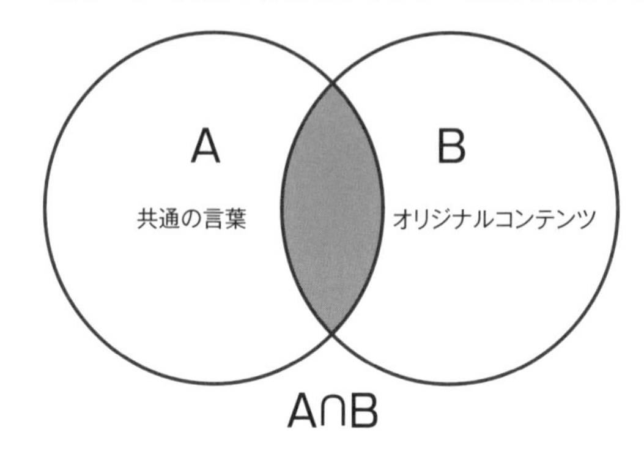

これにより、検索エンジンの評価を高められます。ユーザーにとって有益なコンテンツを作成する上で非常に重要です。

実践的には、ターゲットとするトピックやキーワードに関連する共起関係の言葉などをリサーチし、それらを自然な形でコンテンツに組み込むことから始めます。その上で、個人の経験、専門知識、創造性を活かして、どのWebサイトにもない独自の価値を提供することが重要になります。

続いて、ChatGPTなどの生成AIを活用することで、コンテンツSEOのこの微妙なバランスをどのように調整し、さらにその品質を向上させることができるのかを説明していきます。

●ChatGPTなど生成AIの活用法

この本のテーマとなっている「コンテンツＳＥＯに生成ＡＩを利活用する」理由が次のとおりです。

ChatGPTなどAIツールを用いることで、共通の言葉を自然に組み込みつつ、オリジナリティ溢れるコンテンツを時短で生成することができるようになるということです。

具体的には、以下2つの項目です。

❶共通の言葉の自然な統合

生成AIを使えば、ターゲットとするキーワードやトピックに関連する共通の言葉を、自然にコンテンツに織り交ぜることができます。

AIは、特定のトピックについて、人間が理解しやすい、関連性の高いコンテンツを生成するために、これらの言葉を効果的に利用します。これにより、検索エンジンのアルゴリズムが求めるコンテンツを作成できます。

本書では、指示文（プロンプト）によって、関連する共通の言葉を組み入れる方法も解説しています。

❷オリジナリティの確保

AIは、ユーザーが提供する指示や情報に基づいて、独自のコンテンツを生成することができます。

ユーザーが、特定の視点や分析、解釈をChatGPTなどのAIに指示することで、オリジナルコンテンツを作ることができます。これにより、単なる情報の再構成ではなく、新しい価値を提供するコンテンツが生み出されるのです。

このように、生成AIの活用は、コンテンツSEOの効率と効果を大幅に向上させます。

> **❶共通の言葉を適切に組み込む**
> **❷同時に独自の視点や情報を加える**

これにより、作成されたコンテンツは検索エンジンにもユーザーにも価値を提供します。

ChatGPTなどの生成AIは、コンテンツ作成のプロセスを支援し、検索エンジン最適化の新しい標準となるべく、強力なツールとなり得ることでしょう。

具体的には、以下のような作業が可能です。

コンテンツの生成

生成AIに具体的な指示を与え、構成、トーン、スタイルを含む詳細なガイドラインに従ってコンテンツを生成させます。このプロセスでは、独自性と品質を確保しながら、SEOのベストプラクティスに従ったコンテンツが作成されます。

最適化と調整

生成されたコンテンツを検討し、必要に応じて最適化や調整を行います。このステップには、共通の言葉やキーワードの自然な統合、読みやすさの向上、およびユーザーエンゲージメントを促す要素の追加が含まれます。

生成AIは迅速に高品質なドラフト（下書きや草稿）を生成するため、コンテンツ制作プロセスが大幅に加速されます。加えて、さまざまなスタイルやフォーマットのコンテンツを容易に生成できるため、Webサイトのコンテンツを豊富にすることができます。

また、厳格な指示（プロンプト）により、一貫性のある品質を持つコンテンツを生成することもできます。

これらの作業をとおして、検索エンジンランキングの向上だけでなく、ユーザーエンゲージメントとWebサイトの訪問者数の増加にもつながることでしょう。

最後に、この第0章で一番重要なのは以下の点です。

SEOはGoogleの身になって行う。ただしAIを用いているという条件を忘れないこと。

AIは万能ではありませんので、良しあしを踏まえて施策することが重要です。そのため、AIだけでなく、その他ツールも利活用し、場合によってはアナログで行った方が早いこともありますので、「人間とAIの協働作業」であることをいっておきたいのです。

本書の第4章では、図0-1-2のように、自動化のプロンプトも紹介していますが、最後に記事をアップする際には、微調整が必要な可能性の方が高いのです。また、生成が長すぎる場合も、『続きを書いてください。』の指示や『Continue generating』ボタンを押すことも必要です。

▼図0-1-2　自動化のプロンプト事例

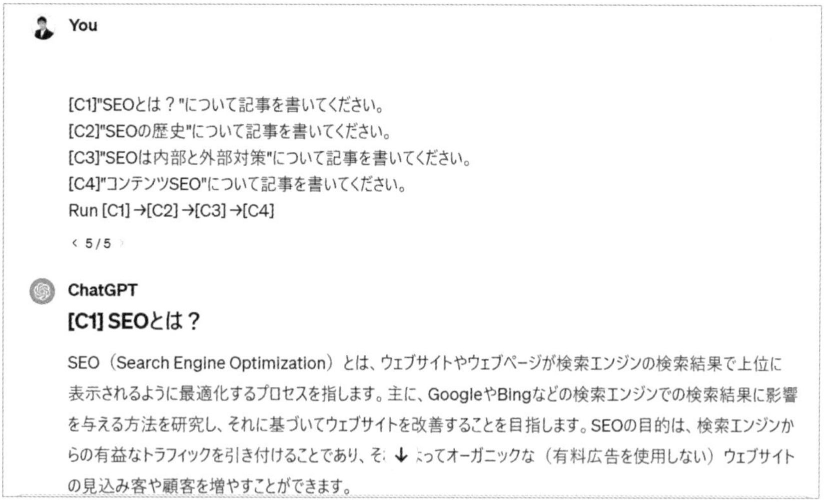

You

[C1]"SEOとは？"について記事を書いてください。
[C2]"SEOの歴史"について記事を書いてください。
[C3]"SEOは内部と外部対策"について記事を書いてください。
[C4]"コンテンツSEO"について記事を書いてください。
Run [C1]→[C2]→[C3]→[C4]

‹ 5/5 ›

ChatGPT

[C1] SEOとは？

SEO（Search Engine Optimization）とは、ウェブサイトやウェブページが検索エンジンの検索結果で上位に表示されるように最適化するプロセスを指します。主に、GoogleやBingなどの検索エンジンでの検索結果に影響を与える方法を研究し、それに基づいてウェブサイトを改善することを目指します。SEOの目的は、検索エンジンからの有益なトラフィックを引き付けることであり、そ↓よってオーガニックな（有料広告を使用しない）ウェブサイトの見込み客や顧客を増やすことができます。

また、それぞれの節については、「Tips集」的に、今のWebサイトに足りない施策を部分的に補完するような活用をしていただければ幸いです。

なお本書では、原則「Prompt Engineering Guide」(2.1で後述) を参考にプロンプト (AIへの指示文) を作成しています。筆者としては、独自なプロンプトも認めたいのですが、やはり基本が大事だと考えるからです。

短いプロンプトであれば、ほぼ生成結果は変らないので、本書でも上記ガイド通りではない場合もありますが、長めのプロンプトにおいては成果を発揮できます。

加えて、無料のGPT3.5を主として掲載しています（※一部GPT4を使用し注釈を加えています）。その理由としては、あえてGPT3.5を使用することでプロンプト技術が鍛えられて向上し、最終的にはGPT4以上と同等の生成結果を引き出すこともできるからです。

第1章で後述する、これからのAIとの付き合いにおいて、「AIの身になった具体的な癖を理解する」ことも重要なのです。

さらには、同様に第1章で触れていますが、前提として、AIで書いたコンテンツであるか否かはSEOにおいて問題にならないということです。

そもそも、AIが書いたか否かを様々なツールで試しましたが、どれも精度に問題がありました。
AIで書いたものを判別器にアップすると、90%と高い精度だからと思って、2記事目をアップすると、今度は10%と、判別に問題があるように感じます。

実は、ChatGPT開発元のOpenAIでさえも、次のように発表しています。
『2023年7月20日の時点で、AI 分類器は精度が低いため利用できなくなりました。』

https://openai.com/blog/new-ai-classifier-for-indicating-ai-written-text

▼図0-1-3　OpenAIの発表

OpenAI　研究　API　チャットGPT　安全性　会社　検索　ログイン　ChatGPTを試してみる

2023年7月20日の時点で、AI分類器は精度が低いため利用できなくなりました。私たちはフィードバックの導入に取り組んでおり、現在、テキストの出所をより効果的に調べる手法を研究しており、オーディオまたはビジュアル コンテンツがAIによって生成されたものであるかどうかをユーザーが理解できるようにするメカニズムの開発と展開に取り組んでいます。

人間が書いたテキストと、さまざまなプロバイダーのAIが書いたテキストを区別するための分類器をトレーニングしました。AIによって書かれたすべてのテキストを確実に検出することは不可能ですが、優れた分類器があれば、AIによって生成されたテキストが人間によって書かれたという虚偽の主張に対する緩和策を提供できると考えています。たとえば、自動化された誤情報キャンペーンの実行、学術不正に対するAIツールの使用、AIチャットボットを人間として位置づけます。

私たちの分類子は完全に信頼できるものではありません。英語テキストの「チャレンジセット」に対する評価では、分類器はAIが書いたテキスト（真陽性）の26%を「AIが書いた可能性がある」と正しく識別しましたが、人間が書いたテキストをAIが書いたものとして誤ってラベル付けしたのは9%でした。時間（誤検知）。通常、入力テキストの長さが増加するにつれて、分類器の信頼性は向上します。以前にリリースされた分類

さらに進化することも予想される中、この判別については、未来永劫難しいのではないかと筆者は見ています。

後述する第1章においてのGoogleの見解もありますが、SEO記事を書くうえで、「AIが書いたか否かを突き止めること自体が目的」となることは、ナンセンスであるということも強く伝えたいのです。記事の良しあしがすべてなのです。

実際、筆者のクライアントにおいては、AIで作成したコンテンツを有する多くのサイトが上位表示となっています。

以上、第1章に進むための準備段階としてご説明しました。この章の内容を踏まえ、以降を読み進めてください。

第1章

SEO は AI で行う時代へ

AI を利活用した新たな時代へ…

1.1 SEOはAIで行う時代の到来

この節の内容

- AIとSEOとの関係
- 生成AIに関するGoogleの見解
- AIを利活用したSEO戦略

●AIとSEOの関係とは

AIとSEOの関わりは、現代のWebサイト運営における最重要課題のひとつです。AI技術の進化は、SEO戦略に革命をもたらし、Webコンテンツの作成、および検索エンジン最適化の作業工程を根本から変えることとなりました。

この節では、AIがSEOに及ぼす影響とその活用方法について解説します。

AIとSEOの統合は、Webコンテンツの品質と検索エンジンランキングの向上に直接的な影響を与えます。
AIを活用して、直感や経験だけでなく、データや事実に基づいて行う方法により、コンテンツ制作者はターゲットオーディエンスのニーズと検索意図をより深く理解し、それに応じた高品質なコンテンツを生成することができるようになります。

またAIがユーザーの問いや要求に対して適切なコンテンツを提供することで、検索エンジンの満足度を高め、結果的にSEOパフォーマンスを向上させます。

▼図1-1-1　AIはユーザーの問いや要求に対して適切なコンテンツを提供

さらに、AIはSEO戦略におけるキーワードリサーチ、コンテンツ最適化などのプロセスを半自動化し、効率化することができます。AI技術を活用することで、大量のデータを迅速に分析し、競合他社との差別化を図り、SEO戦略の精度と効果を高めることができます。

●GoogleのAI生成コンテンツに関するガイダンス

Googleは、コンテンツの制作方法を問わず、高品質なコンテンツを評価するという姿勢を明確にしています（図1-1-2参照）。

つまり、以下のように考えることができます。

ChatGPTなどのAIで文章を生成したものを用いても、（特に足かせはなく）上位表示は可能である！

AIを用いたコンテンツ生成がSEOに与える影響を考える上で、Googleのガイダンスが基本的な指針となります。Googleのランキングシステムは、E-E-A-T（専門性、エクスペリエンス、権威性、信頼性）という品質基準に基づき、オリジナルで高品質なコンテンツを評価します。

これは、AI生成コンテンツであろうがなかろうが、例外ではないということです。いずれにせよ、「品質とオリジナリティ」が重要な要素となります。

▼図1-1-2　AI生成コンテンツに関するGoogle検索のガイダンス

URL https://developers.google.com/search/blog/2023/02/google-search-and-ai-content?hl=ja

重要な箇所を一部抜粋します。

> ***・制作方法を問わず高品質のコンテンツを評価***
> *コンテンツがどのように制作されたかではなく、その品質に重点を置く。*
>
> ***・AI生成コンテンツはGoogle検索のガイドラインに抵触しますか？***
> *AIや自動化は、適切に使用している限りはGoogleのガイドラインの違反になりません。*

・AIが生成するコンテンツは検索で上位に表示されますか？
AIを使用したからといってランキングに関して特別なメリットがあるわけではありません。有用、有益なオリジナルコンテンツで、E-E-A-Tの基準を満たすものは、検索で上位に表示される可能性が高くなります。作成方法ではなく、内容が評価の対象となります。

・AIを使用してコンテンツを作成する必要がありますか？
有用なコンテンツを独自に制作する上でAIが重要な役割を果たすと考える場合には、AIの使用を検討してもよいでしょう。

このように、Googleは見解を示しています。実際に、私のクライアントもAIを活用することで、短時間で高品質のコンテンツを作成することができ、最終的には上位表示されたのを確認できています。

つまり、**コンテンツの制作者がAIなのか人間なのかではなく、出来上がったコンテンツの品質のみが重要**であるということです。

なお第0章で前述したように、OpenAIは、AIが書いた文章かどうか判別するツールを以前保有していましたが、2023年廃止となりました。実際には正しく判別できないケースが多かったことが背景にあると思います（ChatGPT生みの親でさえ無理だったのですから、他者が判別できるわけがないと筆者は考えます）。

究極の話をすると、**Webコンテンツは「書く」時代から「指示する」時代へ**と変貌を遂げたといっても、決して大げさではないと確信しています。

1.2 AIがSEOを変える…

この節の内容

- AIの利活用によるSEOの進化
- AIの利活用によるコンテンツ品質の向上
- AI利活用によるアルゴリズムへの迅速な対応

●AIによるコンテンツ生成

AIによるコンテンツ生成技術は、検索エンジンのアルゴリズム更新にも迅速に対応できるため、以下のような理由により、コンテンツを常に最新の状態に保つことができます。

❶学習能力：

AIは大量のデータから学習し、検索エンジンのアルゴリズムの変更を理解して適応する能力を持っており、変更に迅速に対応できます。

❷柔軟性：

AIはプログラムされたルールに縛られず、新しいパターンやトレンドを自ら発見し、それに基づいてコンテンツを生成することができます。これにより、検索エンジンの新しい要求に柔軟に適応することができます。

❸スケーラビリティ：

AIは大量のコンテンツを短時間で処理し、生成することができるため、検索エンジンのアルゴリズム変更に対して迅速に大規模な対応を行うことができます。

❹最適化：

AIは生成したコンテンツのパフォーマンスを分析し、何が検索エンジンで良い結果をもたらすかを理解することができます。このフィードバックループにより、AIはより効果的なコンテンツを継続的に生成することができます。

❺自動化：

AIによるコンテンツ生成は高度に自動化されており、人間の介入を最小限に抑えることができます。これにより、リソースを効率的に使用し、検索エンジンのアルゴリズムの変更に対する対応速度を向上させることができます。

Googleのアルゴリズムは日々進化していますが、AIを活用することでこれらの変化に柔軟に適応し、検索エンジンランキングでの競争優位性を維持することができます。

▼図1-2-1　アルゴリズムが進化するたびに順位が変動

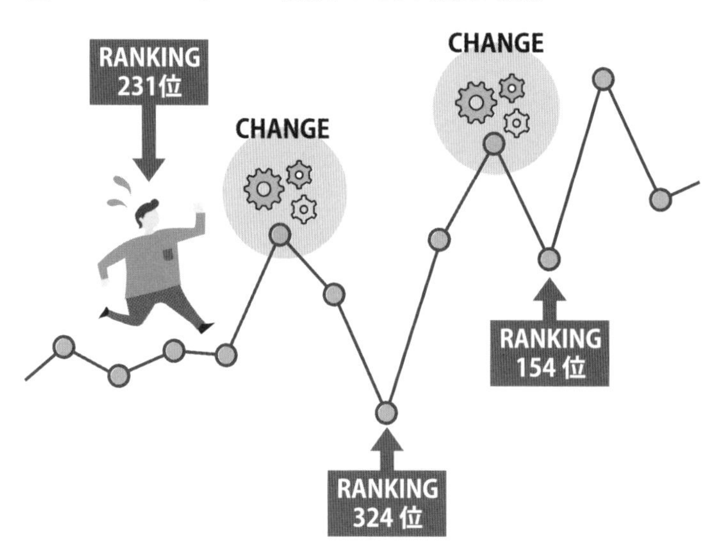

しかし、AIとSEOの統合には慎重なプランニングが必要です。

AIへの指示文を「プロンプト」といいますが、AIが生成するコンテンツの品質は、入力されるプロンプトに大きく依存するため、SEOに特化したプロンプトの作成が極めて重要になります。

ここでの課題は、以下のとおりとなります。

❶検索エンジンが求めるコンテンツの質を理解する

❷それに応えるコンテンツをAIによって生成する

❶について、検索エンジンが求めるコンテンツとは、具体的に以下のようなものです（※コンテンツの内容によっては、必ずしもすべてが必要というわけではありません）。

- 信頼性 - 情報の正確性やソースの信頼性が高いコンテンツ
- 専門性 - 専門家による深い知識や独自の洞察を提供するコンテンツ
- 包括性 - 主題を幅広くカバーし、詳細な情報を提供するコンテンツ
- ユーザー体験 - 読みやすくユーザーにとって使いやすいデザイン
- オリジナリティ - 独自の視点や新しい情報を提供し、他とは異なるコンテンツ
- 時宜を得た情報 - 最新の情報を提供し、時代に合った更新を行うコンテンツ
- 対話性 - ユーザー参加型の要素を取り入れ、コミュニティやディスカッションを促すコンテンツ
- マルチメディアの使用 - テキストだけでなく、画像、ビデオ、インフォグラフィックスなど、多様なメディアを用いて情報を提供するコンテンツ

ただ、AIにも対応可能な範囲が存在しています。そのため、この「対応可能な範囲」をしっかり理解した上で、利活用することが大切なのです。

▼図1-2-2　コンテンツの情報量と質を3次元で表した図

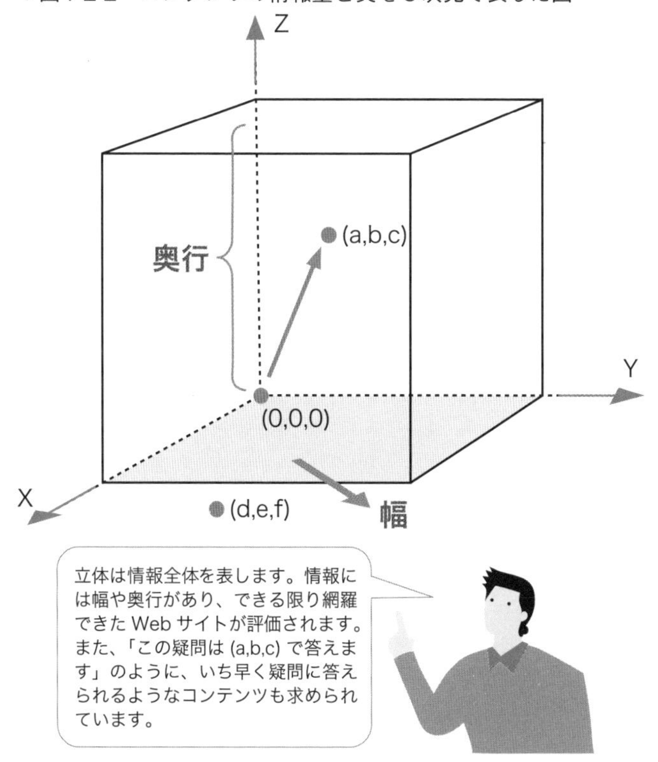
Z
Y
X
奥行
幅
(a,b,c)
(0,0,0)
(d,e,f)
立体は情報全体を表します。情報には幅や奥行があり、できる限り網羅できたWebサイトが評価されます。また、「この疑問は(a,b,c)で答えます」のように、いち早く疑問に答えられるようなコンテンツも求められています。

そして、この本の主題となるSEOプロンプトを作成するまでの流れは、次のようになります。

❶検索需要を把握する（場合によっては競合調査や自社サイト診断も行う）
❷ターゲットとするキーワードを選定する
❸ここまでの準備をすべて行った上で、SEOプロンプト作成に着手

このように、SEOプロンプト作成に至るまでの設計工程が存在しています。

そして、作業は次の流れになります。

●手順❶　SEOプロンプトの設計・準備

①プロンプトの目的を明確にする

プロンプト作成の第一歩は、その目的を明確にすることです。何を達成したいのか、どのような内容を生成したいのかを具体的に決めます。

例えば、製品のレビュー、業界のトレンド解説、ユーザーガイドなど、目的に応じたコンテンツの方向性を定めます。

②ターゲットキーワードを組み込む

選定したターゲットキーワードや関連キーワードをプロンプトに組み込みます。これは、生成されるコンテンツがSEOに最適化され、検索エンジンでのランキングを向上させるために不可欠です。キーワードは自然に、かつ適切な密度で使用することが重要です。

③ユーザーの検索意図を考慮する

ユーザーがそのキーワードを検索する際の意図を理解し、それに応える形でプロンプトを構築します。情報提供、購入、比較検討など、検索意図に合わせたコンテンツが求められます。

④コンテンツの構造を定義する

SEOプロンプトでは、コンテンツの構造も重要な要素です。見出しや小見出しなどを使用して、読みやすく、情報を探しやすい構造を計画します。これにより、ユーザーエクスペリエンスが向上し、SEO評価も高まります。

●手順❷　コンテンツの生成と最適化

①プロンプトを用いたコンテンツ生成

設計したプロンプトを用いて、AIにコンテンツの生成を依頼した後、生成されたコンテンツがプロンプトの指示に沿っているか、目的に合致しているかを確認します。

②コンテンツの調整と最適化

生成されたコンテンツは、必ずしも完璧ではありません。SEOの観点から、キーワードの密度を調整したり、情報の正確性を確認したりする必要があります。また、ユーザーエクスペリエンスを向上させるために、コンテンツの構造やフォーマットの最適化も重要です。

●手順❸　成果の分析と改善

①コンテンツのパフォーマンス測定

生成したコンテンツが公開された後は、そのパフォーマンスを定期的に測定し、SEO成果を分析します。トラフィック、滞在時間、バウンス率などの指標が役立ちます。

②継続的な最適化

分析結果をもとに、コンテンツやSEOプロンプトの改善を行います。SEOは常に変化するため、継続的な最適化と更新が必要です。トレンドの変化に対応したキーワードの見直しや、ユーザーのフィードバックを取り入れたコンテンツの改良などが考えられます。

このような流れを通じて、SEOプロンプトの設計から生成、最適化、分析までを一貫して行うことで、SEOに強い質の高いコンテンツを効率的に生み出すことができます。

●AIによるSEOの進化

AI技術の進化は、Webコンテンツの世界に革命をもたらしました。ただ、同様に検索エンジンも、より複雑なクエリに対応し、ユーザーの検索意図をより的確に捉えることができるようになっています。

そして、このAIの進化が、今まで以上に検索エンジンのレベルを引き上げていくのではないかと推察します。

これまでのSEOは、人間と検索エンジンアルゴリズムとの間で、いたちごっこが繰り返されてきた歴史でした。しかしこれからは、

AIとGoogleのいたちごっことなることが予想されます。

そのような状況下、筆者のスタンスとしては、

AIとGoogleの身になって考える人間が、AIとGoogleとの間で仲介を行う構図がベストだと考えます。

中立的な立場から両者の間で上手に介入することが重要です。

つまり、Googleの身になってコンテンツを考え、AIの良しあしを踏まえた上でプロンプトを作成することで、その生成文章は、結果的に上位に表示されることになります。

「上位表示を狙う」のではなく、「結果として上位表示できている」ことが重要です。

▼図1-2-3　GoogleとAIの間で仲介する

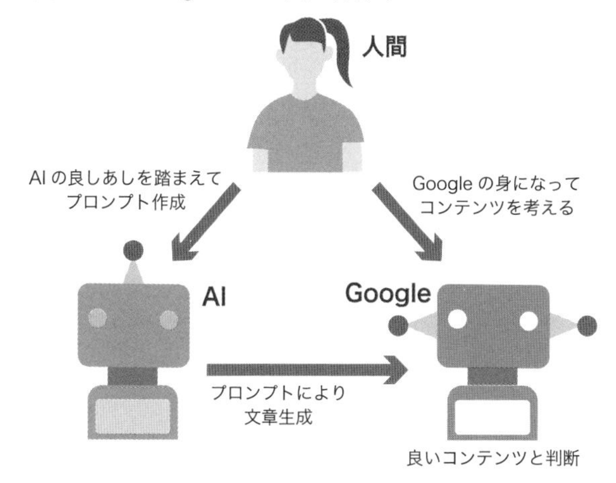

結果的に検索上位に表示される

●NGな生成AIの活用法

前述のGoogleガイダンスの話において、生成AIコンテンツであるか否かではなく、生成したコンテンツの品質が重要な要素となることを説明しました。

ただ、筆者の見解としては、次のことに留意しなければいけないと考えます。

次の項目は、NGな生成AIの活用方法です。

- **生成AIをゼロベースで利用するが、プロンプトが簡易的すぎる**
  →簡単な指示のみで生成した文章は似たり寄ったりになりがちです。

- **生成AIを修正して利用するが、プロンプトが適切ではない**
  →むしろ、悪い方向に向かうこともあります。

- **校正を一切行わない**
  →AIをうのみにしてはいけません。調整は必ず必要です。

例えば、筆者がChatGPTを利用する際の頻出ワードが、『・・・を可能にします。』という言葉です。特に、3.5の無料版で出やすいようです。これをそのままにしておくと、少なくとも人間（ユーザー）からは、かなり品質の低い文章に見えてしまいます。

また、生成コンテンツのレベル感から、AIが作成したのではないかと判断される目安のひとつとしてみられてしまう可能性もあり、結果、ランキングが下がる危険性も考えられます。

また、作成したWebサイト内部のコンテンツの言い回しに、特異な性質がありすぎると、キーワード比率にも悪影響を与える結果になるかもしれません。

そのため、AIとの付き合い方には注意が必要です。

1.3 SEOライティングを変えるAIの力

この節の内容

- ライティングにおけるAIの影響
- 検索意図の理解
- ニーズに応じたコンテンツの生成

●ライティング分野におけるAIの影響

近年、AIの技術進歩は目覚ましく、特にSEOライティングにおいて、その活用方法は劇的に変化しています。

AIを活かしたSEOライティングは、従来の手法を大きく超える効果を発揮し始めており、この新たな時代に適応することが、Webコンテンツ制作者にとって必須のスキルとなっています。

▼図1-3-1　AIと人間が協働でコンテンツを作成する

ここでは、AIをSEOライティングに活かす時代の到来と、それにともなうSEOの変革について解説します。

従来、SEOライティングはキーワードの選定や配置に重点を置くことが多く、時には読みやすさや内容の質が犠牲になることもありました。

しかし、AIを活用することで、キーワードを自然に組み込みつつ、ユーザーの求める情報を提供する質の高いコンテンツを効率よく作成することができるようになりました。

例えば次のようなプロンプト（指示文）を組み入れます。

例：キーワードを組み入れた質の高いコンテンツ生成のプロンプト

【プロンプト1】　キーワードの指定：　冒頭に●●と□□を組み入れてください。
【プロンプト2】　キャラクター設定：　あなたはプロのWebライターです。

等々・・・。

上記以外のプロンプトを組み入れることもできます。詳しくは、第2章以降で解説していきます。

●AIを使いこなす：検索意図の理解が鍵

1.2で、「Googleの身になって考える」、すなわちGoogleを「味方につける」ことを説明しました。この際、最も重要な要素が「検索意図の理解」です。

なぜなら、Googleが目指すのは、ユーザーの検索キーワードの背後にある真のニーズや目的を正確に把握し、それに最も適した結果を提供することだからです。このことが、AIと協働でコンテンツ生成を進めていくための第一歩となります。

例えば、「エステサロンを経営しているオーナー」が、柳川市（福岡市から南へ50キロ以上離れています）を拠点としているならば、「エステサロン福岡」は妥当なのでしょうか。

▼図1-3-2　検索意図を理解する

柳川市に隣接している隣町が佐賀県の佐賀市で、福岡市よりも断然近いです。ですから、「福岡」よりは「佐賀」を狙って、佐賀市(県)の方に来店頂いた方がユーザー(お客様)に都合が良いでしょう（現地までのアクセス事情は除外しています)。

これには疑問が生じます。なぜなら、エステサロンは、必ず現地へ足を運ばなければいけない事情があり、遠地であることがお客様にとって負担となるからです。

ユーザーにとって、この場合の福岡という検索は、「福岡県」ではなく「福岡市」のことを指しています。

そのため、ベストなキーワードは「エステサロン　福岡」ではなく、サロンの所在地名を用いた「エステサロン　柳川」です。仮に「福岡」というキーワードを用いて上位表示できたとしても、売り上げ拡大にはつながりにくいことでしょう…。

ここまでが、「Googleの身になって考える」という話の中の、「検索意図」についての説明です。

ただ、念押しすると、AIに指示をしてコンテンツを生成する際、Googleだけでなく、AIをとおした文章生成だからこそ、「AIの身になって考える」ことも加味しなければいけません。

次の図のような関係になります。

▼図1-3-3　考えるべき構造

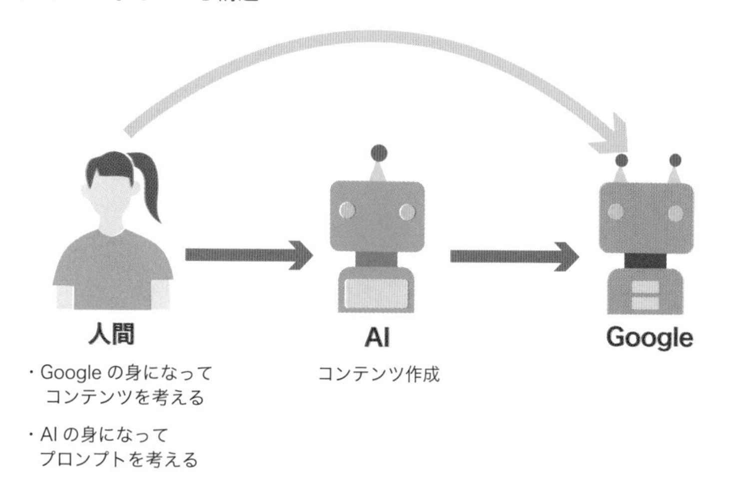

このことを組み入れたプロンプトが次のとおりです（詳しくは、3.3で解説します）。

> **AIへのプロンプト事例：**
> 文脈（背景）：
> あなたは、柳川市のたっきーエステサロンです。
> たっきーエステサロンの視点から書いてください。

前述の「キーワードを組み入れた質の高いコンテンツ生成のプロンプト」の例として挙げた「キャラクター設定」を行う際に、おまじないプロンプトとして、『●●の視点から書いてください。』を必ずセットで組み入れることで、立場や視点を間違えて記事を生成する確率が格段に少なくなります。

●4種類の検索意図

検索意図を理解するには、まずその種類を知ることが重要です。一般的に、検索意図は以下の4つのカテゴリーに分けられます。

❶情報検索：

ユーザーは特定の情報や知識を求めています。例えば、「SEOの最新トレンド」という検索キーワードなら、SEOに関する最新情報がそれに該当します。

❷ナビゲーション検索：

特定のWebサイトやページにアクセスすることが目的です。「YouTube」と入力する場合、ユーザーはYouTubeのホームページを探しています。

❸取引検索：

製品やサービスの購入など、何らかの取引を目的としています。「最安値のスマートフォン購入」などがこれに該当します。

❹地域検索：

地域に関連した情報を求めています。例えば、「東京のイタリアンレストラン」という検索は、東京にあるイタリアンレストランを探しています。

このように、検索意図をきちんと組み入れて、記事生成のプランを構築していくことが求められます。

●コンテンツ品質の向上

AIの進化がもたらす最大の変化のひとつは、キーワード中心のSEOから、より意図やコンテンツの本質に焦点を当てたSEOへのシフトです。

上位表示されるためには、より検索者の検索意図を理解し、かつ、その情報を提供するコンテンツの質がより重要になりました。これにより、単なるキーワードの羅列だけでなく、読者に有益で興味深い情報を提供するコンテンツが評価されるようになりました。

以下に事例を示します。

AIがSEOライティングにおいてどのように活用され、コンテンツの質を向上させるかについての理解を深めるのに役立ちます。

プロンプト事例❶　ターゲットキーワードを含むコンテンツ生成
[ターゲットキーワード]に関する詳細なガイドを生成してください。ユーザーが最も知りたい情報をカバーし、読みやすい形式で提供してください。

このプロンプトは、特定のキーワードに基づいてユーザーが求める情報を提供するコンテンツを生成するようAIに指示します。結果として得られるコンテンツは、ユーザーに価値を提供することが期待されます。

プロンプト事例❷　検索意図に基づく質問への回答
[検索意図]を考慮した上で、[特定の質問]に対する包括的な回答を生成してください。回答は具体的な例を含めるようにしてください。

検索者の意図を理解し、それに応じた詳細な回答を提供することで、検索エンジンランキングを改善し、ユーザーエンゲージメントを促進するコンテンツを作成します。

プロンプト事例❸　ユーザーの疑問に対するFAQセクションの作成

[トピック]に関するユーザーからの一般的な質問に基づいて、FAQセクションを生成してください。
各質問に対して簡潔かつ明確な回答を提供し、関連するキーワードを適切に組み込んでください。

ユーザーが持つ可能性のある疑問に対して事前に回答を提供することで、サイトのユーザーエクスペリエンスを向上させ、SEOに貢献します。

プロンプト事例❹　読者に価値を提供するブログ記事の作成

[トピック]について、読者に実際の価値を提供するブログ記事を作成してください。
記事は情報に基づいており、読者が実生活で使用できる具体的なアドバイスを含むようにしてください。

このプロンプトは、読者に具体的な価値を提供することを目的としたブログ記事の作成をAIに依頼します。質の高い情報と実用的なアドバイスは、検索エンジンによって好評価される可能性が高くなります。

これらの事例で示した方法で、検索エンジンに最適化された、より質の高いコンテンツを効率的に作成できます。

AIの進化により、SEOライティング戦略はキーワードの単純な最適化から、ユーザーの検索意図やコンテンツの本質に焦点を当てたアプローチへと進化しています。

●実践のためのヒント：ニーズに応じたコンテンツの生成

AIを使用する際は、ターゲットとするユーザーのニーズを正確に把握し、それに応じたコンテンツを生成するよう、次の項目を心がけることが大切です。

❶検索意図の分析：

検索者が何を求めているのかを深く理解し、その意図にマッチしたコンテンツを提供する

❷質の高いコンテンツの提供：

キーワードの適切な使用はもちろん、読みやすさや情報の価値も考慮し、質の高いコンテンツを目指す

❸トレンドの追跡と更新：

SEOの最新トレンドを常に追跡し、AIの学習データを更新することで、効果的なコンテンツを維持する

AI技術の進化を正しく理解し、適切に活用することで、SEOライティングを最大限に利活用していきましょう。

1.4 本書の構成について

この節の内容

- 本書の構成
- 基本→実践→応用へ
- AI導入により柔軟性と即応性の向上につながる

●本書の構成について

本書では、AIとSEOの効果的な融合によるWebライティング（コンテンツ作成）技術を紹介し、皆さんがChatGPTなどAIを用いた文章生成の基本から応用までを学んで、SEOにおける実践的な知識を深められることを目的としています。

ステップバイステップでAI×Webライティングに向き合い、SEOを組み入れた実践的なスキルを身につけることができるような構成になっています。第２章以降の構成は、以下のとおりです。

第２章：ChatGPT文章生成の基本

この章では、ChatGPTによる文章生成の核心であるプロンプト設定の基礎から応用までを詳しく説明します。プロンプトの種類、設定方法、および効果的なプロンプトの作り方について学びます。また、プロンプトそのものの概念だけでなく、SEOに特化したプロンプトの考え方についても掘り下げていきます。

第３章：AIを組み入れたコンテンツSEO実践

AIを活用したコンテンツSEO実践に焦点を当てています。キーワードリサーチ、titleやdescriptionの最適化、SEO戦術プロンプトの作成などが主な内容です。キーワードリサーチでは、Google TrendsやGoogleキーワードプランナーなどのツールの使用方法を詳述し、titleやdescriptionの最適化においては、SEO内部対策の重要要素としての役割や最適化のメソッドを説明しています。また、SEO戦術プロンプトにおいては、ChatGPTを用いたキャラクター設定やペルソナ設定の方法を紹介し、効果的なコンテンツ作成に向けたアプローチを示しています。

第4章：AIを組み入れたコンテンツSEO発展

AI利用によるSEO発展について解説しています。具体的には、見出しの作成、コンテンツの深化とPR、そして検索語句の意識に重点を置いています。見出し作成では、キーワードを活用した効果的な見出しの生成方法を、コンテンツの深化とPRでは、関連性のある言葉を用いてコンテンツの質を高め、SEOを強化する方法を説明しています。また検索語句を意識することの重要性を伝え、Googleに評価されやすいコンテンツ作成のヒントを紹介します。

第5章：ツールを活用したコンテンツSEO

第5章では、コンテンツSEOのためのツール活用に焦点を当てています。Google Chromeの拡張機能、AI比較ツール、GPTsのカスタマイズ、Googleの生成AIであるGeminiの解説、そして校正ツールeditGPTの活用方法を解説します。これらのツールを駆使することで、コンテンツ制作のプロセスが大きく改善され、効率的かつ効果的なSEO対策ができるようになります。

本書を通じて、AIとSEOの融合によるコンテンツ作成の新たな地平を開くことができます。ChatGPTやGeminiなどを用いた文章生成からSEOに適したコンテンツ作成まで、この分野でのスキルと知識を深め、デジタルマーケティングの効果を最大化するための実践的な戦略を習得していきましょう。

●本書のポイント：柔軟性と即応性の向上

AI技術を取り入れることで、検索エンジンアルゴリズムの変更に対するWebサイトの対応力が向上します。それにより、ホームページを素早く、そして柔軟に更新できるようになり、常に最適な状態を保つことができます。

▼図1-4-1　AIとSEOの融合

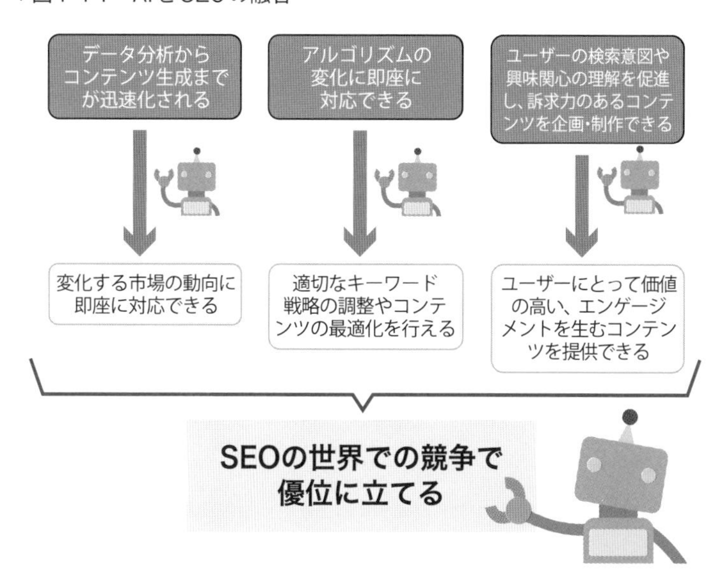

AIの機能によってデータ分析からコンテンツ生成までが迅速化されることで、変化する市場の動向に即座に対応できるようになります。

この即応性は、SEOの世界での競争で優位に立つために不可欠です。検索エンジンのアルゴリズムは常に進化しており、AIを活用することで、これらの変更に対してより効率的に適応することができます。

また、AIは検索トレンドの変化をリアルタイムで捉え、適切なキーワード戦略の調整やコンテンツの最適化を行うことができます。これにより、SEO

戦略はより動的で、市場やユーザーのニーズに即応するものとなります。

加えて、AIはコンテンツ企画の精度を高めることもできます。AIの機能を利用して、ユーザーの検索意図や興味関心を深く理解し、それに基づいたコンテンツを企画・制作することができます。これにより、ユーザーにとって価値の高い、エンゲージメントを生むコンテンツの提供が可能となり、結果としてSEOの成果を大きく向上させることができます。

これからもAIの進化は続き、SEO戦略の可能性をさらに広げていくことでしょう。

第2章

ChatGPT文章生成の基本

ChatGPTの性質を理解する

2.1 プロンプトについての概要

この節の内容

- プロンプトの基本
- プロンプトの要素について
- プロンプトの事例について

●プロンプトとは？

プロンプトとは、ChatGPTに対するユーザーからの指示（質問）を指します。プロンプトの形状や内容によって、ChatGPTの回答は大きく異なるため、正確かつ適切な設計が重要です。

●プロンプトの種類と具体例

質問型プロンプト

```
最近のテクノロジートレンドについて教えてください。
```

このプロンプトは、特定の情報や解説を求める時に使用します。この例では、ChatGPTに現在のテクノロジーの動向や重要性についての概要を提供するよう尋ねています。

他にも多様な形式や目的で質問型プロンプトを設定することができます。例えば、以下のような質問型プロンプトが考えられます。

❶基本的な知識質問

> ビットコインとは何ですか？

特定のトピックに関する基本的な定義や概要を尋ねるプロンプトです。

❷深掘り質問

> 量子コンピューティングが従来のコンピューティングに比べて持つ利点は何ですか？

特定のトピックについて、より詳細な情報や深い理解を求める質問です。

❸比較質問

> 有機農業と従来の農業の違いは何ですか？

２つ以上の概念や方法を比較し、それぞれの特徴や違いを明らかにする質問です。

❹意見や予測を求める質問

> 将来的にAIが職場で人間に置き換わると思いますか？

個人的な見解や未来の予測に関する意見を尋ねるプロンプトです。

❺解決策についての質問

> 気候変動に対処するために、個人レベルでできることは何ですか？

特定の問題に対する解決策や対策を尋ねるプロンプトです。

これらの例は、質問型プロンプトの多様性を示しています。質問の内容や目的に応じて、ChatGPTに求める情報の種類を変えることができます。質問型プロンプトは、情報収集、学習、意見形成、議論の促進など、多岐にわたる用途で使用されます。対して、主として用いるのが、次の指示型プロンプトです。

指示型プロンプト

SEOについての初心者向けガイドを作成してください。

ChatGPTに具体的な作業やタスクの実行を依頼する際に用います。この例では、特定の読者層を意識した内容の作成を求めています。

また、指示型プロンプトは次のように分けることもできます。

❶創作型プロンプト

宇宙をテーマにした短編小説を書いてください。

創作活動や物語の生成に使用されます。このプロンプトは、ChatGPTに創造性を促し、特定のテーマに基づいた物語を作り出させることを目指します。

❷情報整理型プロンプト

再生可能エネルギーの利点と欠点をリストアップしてください。

複数の視点や情報を整理して提供するために用います。この種のプロンプトは、ChatGPTに対して、特定のトピックに関する包括的な分析を行わせることができます。

さらにいくつかの具体例を挙げてみましょう。

❸解析型プロンプト

> 最近の株価変動の原因とその影響について分析してください。

このプロンプトは、特定の現象やデータに対する深い分析を要求します。ChatGPTは、利用可能な情報をもとに原因と結果の関係を解明し、複雑な問題についての理解を深めるよう促されます（主にGPT4や5.3で後述するGPTsでデータを用いて使用）。

❹比較型プロンプト

> SNSプラットフォームAとBを比較して、どちらがマーケティングに適しているか評価してください。

2つ以上のアイテムや概念を比較し、それぞれの長所と短所を評価するプロンプトです。この種のプロンプトは、選択肢間の違いを明確にし、特定の目的に最適なオプションを決定するのに役立ちます。

❺指導型プロンプト

> 非プログラマー向けに、プログラミングの基本を教えるためのステップバイステップガイドを作成してください。

学習者や読者が新しいスキルを習得したり、特定のタスクを達成するための具体的な指示やガイドラインを提供するプロンプトです。この種のプロンプトは、教育的な内容や自己啓発のために特に有用です。

これらのプロンプトは、ChatGPTの活用方法を広げるための例ですが、プロンプトの種類や目的はこれに限定されません。

実際には、ユーザーのニーズや目的に応じて、さまざまな種類のプロンプトが考案されます。これにより、ChatGPTは多岐にわたるタスクや問いに対応することができるようになります。

●プロンプトの要素について

ChatGPTのプロンプト設計において、効果的に文章生成を行うためには、プロンプトの形式や要素に注意を払う必要があります。以下に示すのは、プロンプトの設計における重要なポイントです。

プロンプトを設計する際には、以下の要素を考慮することが推奨されます。

○Prompt Engineering Guide

URL https://www.promptingguide.ai/jp/introduction/elements

- *指示:モデルに実行してほしい特定のタスクや命令を明確にします。*
- *文脈:必要に応じて外部情報や追加の文脈を提供し、モデルがより良い応答を生成できるようにします。*
- *入力データ:応答の基となる具体的な情報や質問を指定します。*
- *出力指示子:期待する出力のタイプや形式を明確にします。*

これらの要素を考慮することで、人間が望む回答を、ChatGPTが生成しやすくなります。

効果的なプロンプトの設計には、明確な目的の設定と、求める回答の種類をChatGPTが理解しやすい形で伝えることが重要です。

●プロンプト設計のヒント

プロンプト設計は、ChatGPTやその他のAIモデルを効果的に活用するための重要なステップです。プロンプトの設計に際しては、明確な指示の提供、必要な情報の提供、および出力形式の指定が重要な要素となります。

以下にヒントを示します。

明確な指示

要求するタスクや情報を明確にし、可能な限り具体的にします。

例えば、単に「犬について書いて」と指示するよりも、「犬の種類とそれぞれの特徴をリストアップして」と具体的に指示する方が、AIはより関連性の高い情報を提供することができます。

出力形式の指定

期待する回答の形式を明示し、モデルの出力を適切に導きます。

これにより、ChatGPTはより正確で価値のある回答を生成できるようになります。

例えば、リスト形式、段落形式、Q&A形式など、目的に応じた形式を指定することが重要です。特に、データの整理や情報の提示方法に関する要望がある場合には、その形式を明確に指示することが効果的です。

必要な情報の提供

AIがタスクを適切に理解し、実行するためには、背景情報や文脈の提供が不可欠です。これにより、AIは与えられたタスクの目的や意図をより深く理解することができます。例えば、特定の記事の要約を依頼する場合、その記事の主題や目的、対象読者などの情報を事前に提供することで、AIはより精度の高い要約を提供することが可能になります。

このプロンプトの要素を一言でまとめると、次のようになります。

- **明確な目的：**回答に求める具体的な内容や形式を指定する
- **期待する回答形式：**回答の形式や範囲についての指示を明確にする
- **適切な情報提供：**回答の品質を向上させるために必要な背景情報を提供する

プロンプトを効果的に設計することで、より精度の高い回答や、望む形式のコンテンツをChatGPTから引き出すことができるようになります。これは、コンテンツ作成、情報収集など、さまざまな目的でChatGPTを利用する際に役立つスキルです。

2.2
最適な回答につながるプロンプト形式や要素の書き方について

この節の内容

- ChatGPTが理解しやすい形式を理解する
- プロンプトの必要要素を理解する
- プロンプトの順序を理解する

●ChatGPTが理解しやすい形式とは？

2.1で前述した「Prompt Engineering Guide」内の「プロンプトの設計に関する一般的なヒント」において、指示はプロンプトの最初に配置し、指示と文脈を区切るために「###」のような明確な区切り記号を使用することが推奨されています。

URL https://www.promptingguide.ai/jp/introduction/tips

```
### 指示 ###
以下のテキストをスペイン語に翻訳してください。
Text: "hello!"
```

本来のマークダウンとしてではなく、指示部分のみに使用する前提で、視覚的に整理され、他のテキストと区別されることを目的としています。

そのため、#と指示の間にスペースがあってもなくても同じ意味となります。

ちなみに、指示を先に書くのは、英語の語順で理解しようとしているからではないかと推測しています。

その理由を翻訳サイト「DeepL」で説明します。

URL https://www.deepl.com/ja/translator

▼図2-2-1　DeepLで翻訳した例

日本語を英語訳すると、右側のように、「Create a PR statement」が一番先に書かれています。

次に、文章のみのプロンプトと、推奨されている形式に基づいて書いたプロンプトの生成結果を比較してみました。

「発送遅延のお詫び文」を事例にしたプロンプトによる違い

▼図2-2-2　生成結果は「窪農園の皆様へ、」とNG回答

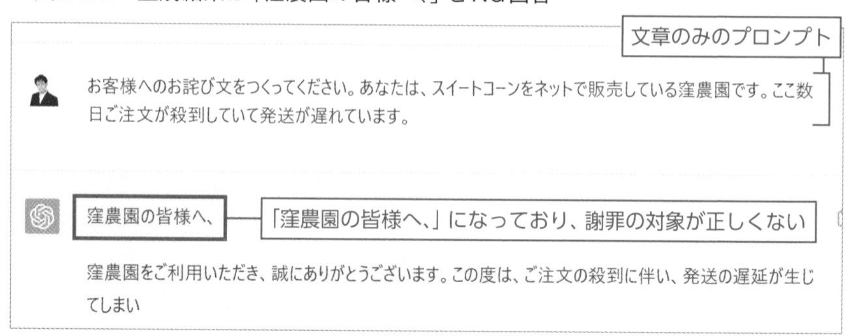

▼図2-2-3　生成結果は「窪農園のお客様へ、」とOK回答

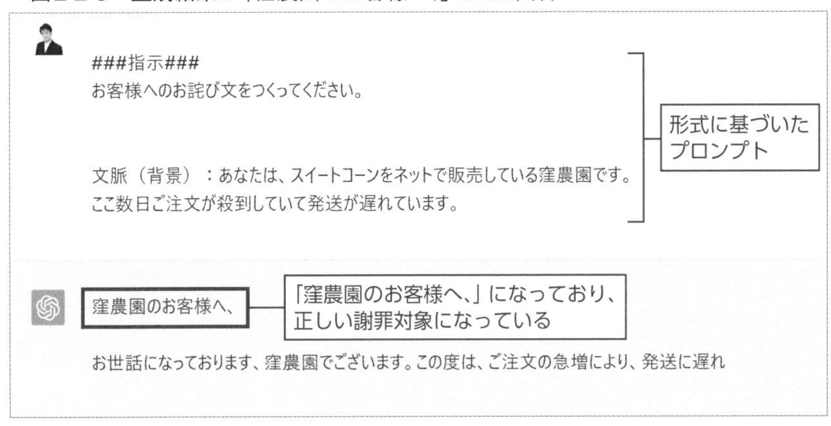

形式に基づいた書き方は、きちんと「窪農園のお客様へ、」のように、正確な回答を生成しました。

つまり、「要素＋形式（書き方）」がベストな生成結果につながります。

なお本書では、疑問に思ったことはChatGPTに尋ねて検証を行いながら、著者が導き出した手法に基づいて解説をしています。

この手法を用いて、「要素＋形式（書き方）」を説明していきます。

2.1で案内した要素に、形式を当てはめてみます。

指示
モデルに実行してほしい特定のタスクまたは指示を書いてください。
(出力指示子) 出力のタイプや形式を示します。

条件：
・指示に付随する細部の指示を与えます。

(※複数項目を想定している場合は、リスト形式にします)

文脈(背景):必要に応じて外部情報や追加の文脈を提供し、モデルがより良い回答を生成できるようにします。

入力データ:回答を見つけたい入力または質問を書いてください。

この順序でプロンプトを書いていくことを推奨します。

以下に例を示します。

```
### 指示 ###
コラムタイトルとコラム記事を書いてください。
コラム記事は、丁寧なトーンで1000文字程度書いてください。

条件:
・コラムタイトルには、"ChatGPT"と"SEO"を入れてください。
・コラム記事の冒頭から90文字以内に"ChatGPT"と"SEO"を入れてください。

文脈:あなたはコラムライターの"瀧内"です。
"瀧内"の視点から記事を書いてください。

例:コラムライターの瀧内です。私は・・・

テーマ:ChatGPTとSEOの今後
```

以上のプロンプトから生成された結果がこちらです。

▼図2-2-4　生成結果

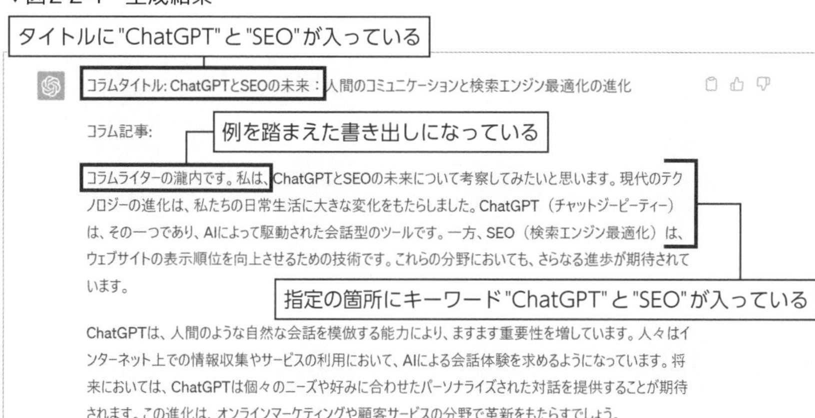

ちなみに「入力データ」とは、以下の例のように、「対象」と言い換えることができる要素のことを指します。先ほどの例だと、「テーマ」が該当します。

> プロンプト：最新の映画ランキングに基づいて、アクション映画のおすすめ作品を教えてください。また、その作品のあらすじと上映時間も教えてください。
> 入力データ：アクション映画
>
> プロンプト：iPhone 15の在庫状況を確認してください。在庫数と価格も教えてください。
> 入力データ：iPhone 15

以上、最適な回答につながるプロンプト形式や要素の書き方について説明してきました。短いプロンプトの場合、大差は生まれませんが、特に長めのプロンプトで力を発揮します。そのため、次節以降において、形式を使用する・しないと、両方の事例があります。

2.3 簡単に始めるプロンプトについて

この節の内容

- そもそもから始めるプロンプトについて
- 編集プロンプトについて
- プロンプトを検証や分岐させる

●簡単に始めるプロンプトとは

2.2では、最初からかなりきちっとしたプロンプトを作成する手法を解説しましたが、まったく逆の手法も存在しています。「そもそも」から始めるような手法です。

○Prompt Engineering Guide

URL https://www.promptingguide.ai/jp/introduction/tips

プロンプトの設計を始める際には、プロンプトの設計が、最適な結果を得るために多くの実験を必要とする反復的なプロセスであることを念頭に置く必要があります。OpenAIやCohereのようなシンプルなプレイグラウンドから始めると良いでしょう。

シンプルなプロンプトから始め、結果を向上させるために要素や文脈を追加していくことができます。そのためにはプロンプトのバージョン管理が重要です。このガイドを読むと、具体性、簡潔さ、明確さがより良い結果をもたらすことがわかるでしょう。

多くの異なるサブタスクを含む大きなタスクがある場合、タスクをよ

りシンプルなサブタスクに分解し、結果が改善されるにつれて徐々に構築していくことができます。こうすることで、プロンプトの設計プロセスが複雑になりすぎるのを避けられます。

上記を要約すると、以下のようになります。

- プロンプトは何度かやりなおしてもよい
- プロンプトに後から要素を追加してもよい
- 分解しながら進めてもよい

この手法を用いて、SEOプロンプトの実例を紹介していきます。

●簡単に始めるプロンプト実践

2.2で紹介した手法は、ChatGPTに具体的な情報や文脈を提供し、特定の内容に焦点を当てた文章生成を促すものでした。これにより、ChatGPTはより具体的でニーズに合わせた回答を行うことができるようになります。具体的でなおかつ情報量の多いプロンプトを使うことにより、ChatGPTの出力をよりコントロールし、特定のトピックにおいて的確で情報価値の高い文章を生成することができます。

例えば、「ビーガン料理のレシピを提案してください」というプロンプトに対して、以下のような情報を追加することが考えられます。

背景情報:「ビーガン料理に興味があり、簡単に作れるレシピを探しています。」

具体的な条件:「材料はスーパーマーケットで入手可能なものを使いた

いです。」

希望する料理の種類:「メインディッシュとして提供できるレシピを教えてください。」

これにより、ChatGPTは提供された具体的な情報をもとに、ユーザーのニーズに合ったビーガン料理のレシピを提案することができます。

対して、ここで紹介する「簡単に始めるプロンプト」は次のようになります。

▼図2-3-1　簡単に始めるプロンプト

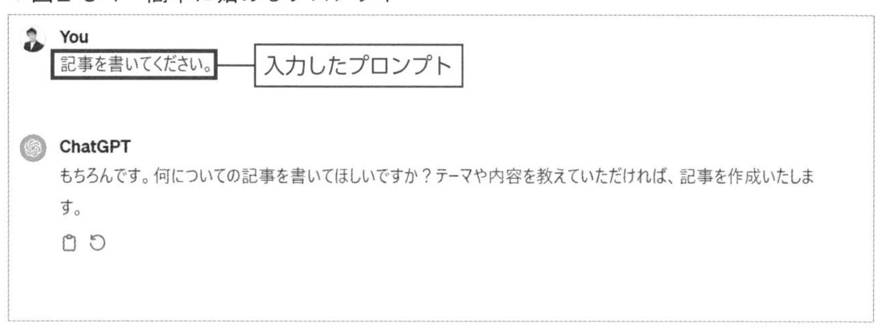

ただし、簡単に始めたとしても、『指示』から先に記述することに変わりはありません。

その後、AIと対話する中で、『あなたは福岡市のたっきー整体院です。たっきー整体院の視点から記事を書いてください。』等々、情報を肉付けしながら、理想の記事へ徐々にブラッシュアップするイメージです。

▼図2-3-2 AIと対話しながらゴールへ向かう 注意：Geminiの場合は5.2参照

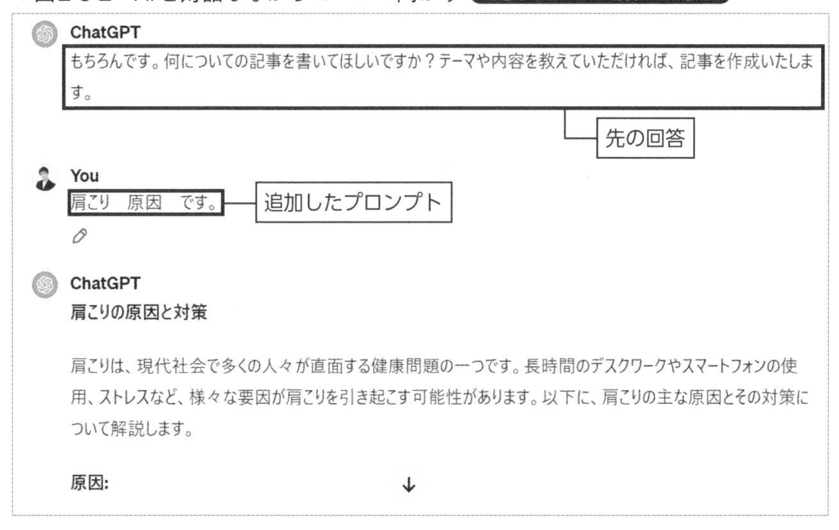

このように、やり取りをしながら記事を生成する手法もあります。動きながら考えるのと同じように、微調整しながら進めていくことができます。

▼図2-3-3　情報を都度肉付けする

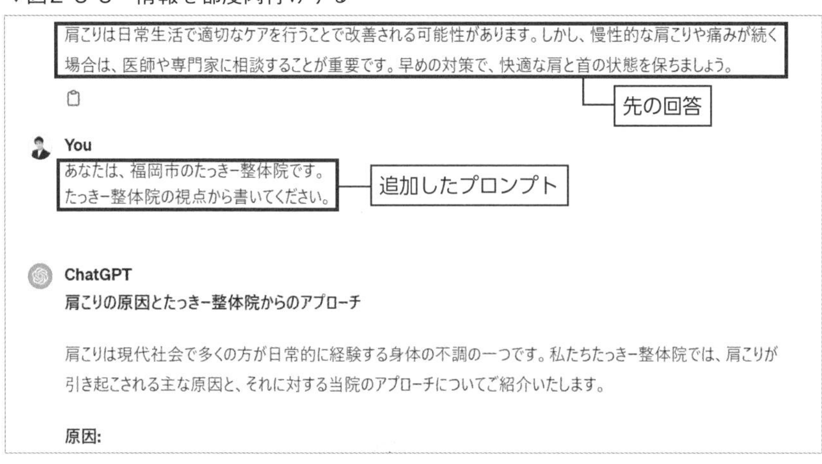

これにより、少しずつ前進させることができます（Geminiでは、位置情報を提案される場合もあります）。

●間違ったら後戻りするor途中から分岐させる

簡単に始めて、動きながら考えるようなプロンプトを作成していくメリットとして、次の3つが考えられます。

- 少しずつ目指す方向に前進しているため、後戻りもしやすい
- そのため、どこがよくなかったのかを突き止めやすい
- さらに、さまざまな方向性を試すことができる

『図2-3-3　情報を都度肉付けする』から、さらに先に進んでいきます。ブラッシュアップを重ね、目指す記事へとたどり着くことができたら、それを２方向以上に分岐させて利活用することも可能です。いわばトーナメント表と同じようなイメージです。

▼図2-3-4　上から下に向かう中で、分岐させることができる

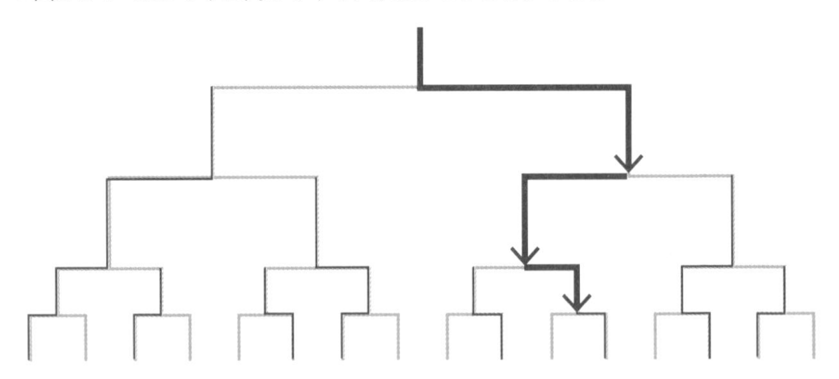

だからこそ、間違ったと思った時点でプロンプトの手直しもできます。実際に『上記生成文章について、Instagramフィード投稿４枚に手直ししてください。』というプロンプトを入力して生成した結果の画面内（図2-3-5）で、指示文付近にマウスを当てると、鉛筆のようなマークが表示されます。

▼図2-3-5　プロンプトを編集する事例　注意：Geminiの場合は5.2参照

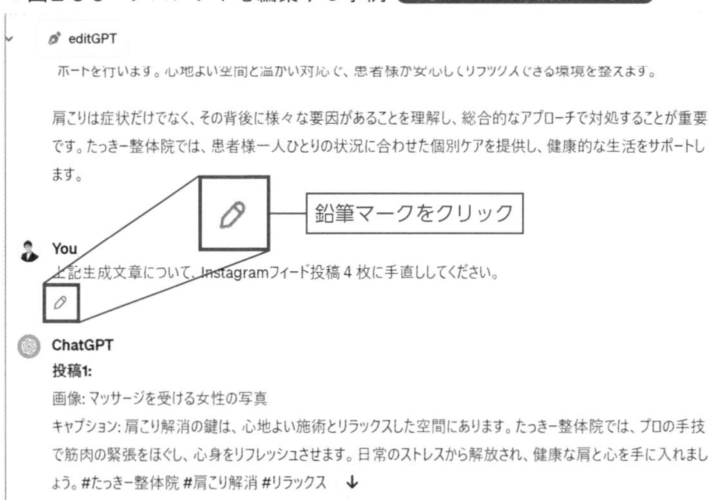

この鉛筆マークをクリックすると、プロンプトを再度手直しすることができます（Geminiだと、「この回答を書き換える」からお任せの編集があります）。

先ほどは、生成した記事に対して、Instagram向けに手直ししましたが、次に、ピンタレスト（Pinterest）向けに手直ししてみます。

ちなみにピンタレストの概要文は500文字以下となるため、プロンプトは次のように入力します。

> 上記生成文章について、500文字以内に要約してください。

▼図2-3-6　プロンプトを編集している画面

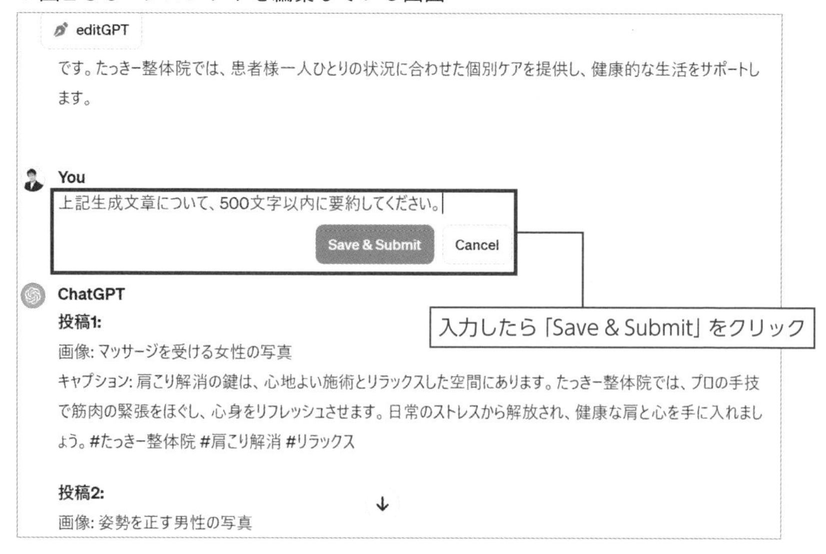

プロンプトを入力したら、最後に、「Save & Submit」のボタンを押すと生成がはじまります。

▼図2-3-7　分岐した別の路線での生成結果

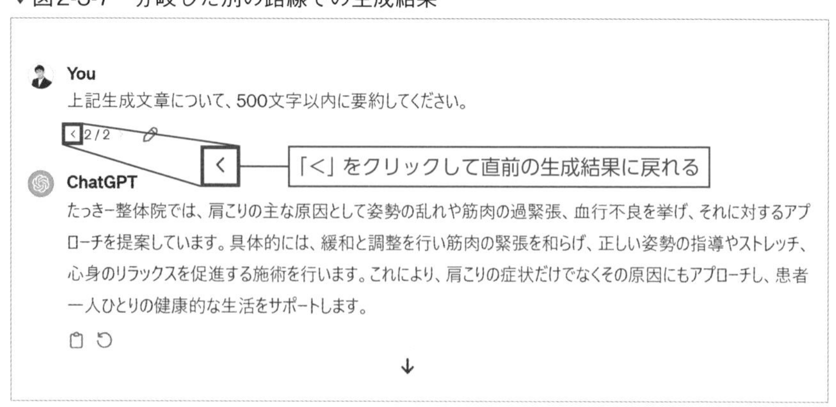

ちなみに、『2/2』の右側にある『<』を押せば、先ほどの、Instagramの生成結果に戻ることができます。

このように、後戻りもできますし、さまざまな方向性がある場合、それを試すこともできます。ぜひ試してみてください。もちろん、SEO記事を書く際にも利活用できます。

2.4 コンテンツSEOプロンプトの考え方について

この節の内容

- コンテンツSEOプロンプトとは？
- SEOプロンプトの目的について
- SEOプロンプトの事例

●コンテンツSEOプロンプトとは？

SEOプロンプトは、「Search Engine Optimization（検索エンジン最適化）」を考慮したプロンプトの活用法です。この節では、ChatGPTを使用してSEOに適したコンテンツを生成する方法や、具体的なコンテンツSEOプロンプトの作成に焦点を当てます。

特徴や利点を理解する上で、Webコンテンツを検索上位にランクアップさせるためにどのようなプロンプトを使用すべきかを解説していきます。

コンテンツSEOプロンプトの活用は、Webライティングにおいて効果的な戦略を構築し、検索エンジンでのランキング向上に寄与します。

ここまでで、次の4要素が重要であることを解説してきました。

❶命令 - モデルに実行してほしい特定のタスクまたは命令

❷文脈 - 外部情報や追加の文脈

❸入力データ - 回答を見つけたい入力または質問

> ❹出力指示子 - 出力のタイプや形式を示す

さらに、コンテンツSEOのプロンプトには、以下の要素が加わることになります（一部、上記プロンプトに内包されています）。

> ❶検索意図を組み入れる
> ❷キーワード調整（使用キーワードや、その数）
> ❸文字数の指定
> ❹重要位置の指定・調整（titleやdescription、見出し等）

これをプロンプトに組み入れることで、コンテンツSEOに留意した記事の完成です。

ただし前提として、ChatGPTを利活用する上で、次のような留意点があります。

> ❶特定の1～2箇所程度の修正など、わざわざプロンプトで指示するよりも、直接手直しした方が早い類もある
> ❷一度の指示で済むケースはほとんどない
> ❸キーワードリサーチに関わる回答には信憑性がない

つまり、効率やAIの得意不得意を考慮した、協働作業となるわけです。

上記❶と❷は第3章以降で具体的に説明します。なお❸については、以下のようにChatGPTに問いかけてみました（※Userとは筆者のことです）。

User
"50代女性向けのダイエット"をテーマにした記事について、検索ボリュームが多く、難易度は低いキーワードを提案してください。あなたはSEOの専門家です。

ChatGPT
「50代 女性 ダイエット 初心者」や「50代 女性 簡単 ダイエット」などが適切なキーワードです。これらのキーワードは、ターゲットとなる50代の女性向けのダイエットに関心が高いことを示していますが、競争が比較的低いため、SEOの観点からは取り組みやすいと言えます。

User
どのような手法で、ダイエットに関連する検索ボリュームが多く、難易度が低いキーワードを調べたのですか？Googleキーワードプランナーにアクセスして情報を取得したということでしょうか？提案したキーワードに信憑性はありますか？

ChatGPT
申し訳ありませんが、具体的なツールを利用してキーワードの検索ボリュームや難易度を調査したわけではありません。私は、あなたが「50代女性向けのダイエット」に関連する検索ボリュームが多く、難易度が低いキーワードを求めていることから、一般的な知識と経験に基づいて適切なキーワードを提案しました。

SEOの専門家として、私は一般的なトレンドやキーワードの選択に関する知識を持っていますが、具体的なデータに基づく提案ではありません。提案したキーワードは、50代の女性向けのダイエットに関心が高いことや、競争が比較的低いことを考慮して選定されましたが、特定のツールからのデータではないため、絶対的な信頼性を持つものでは

> ありません。
>
> キーワードの信憑性を確認するには、実際にGoogleキーワードプランナーや他のSEOツールを使用して、検索ボリュームや難易度などのデータを取得し、分析することが必要です。

このような問いかけからも、キーワードリサーチに信憑性がないことが判明しました。

そのため、キーワードを選定する際は、ChatGPTを介さず、第3章で後述するキーワードリサーチツールの利用を推奨します。

●SEOプロンプトの目的について

SEOプロンプトは、特定の検索キーワードに対して高いランキングを獲得するために設計された指示や質問です。

また同時に、AIを活用することで、キーワードを自然に組み込みつつ、ユーザーの求める情報を提供する質の高いコンテンツを効率よく作成することができるようになったのです。

このプロンプトは、特定のトピックやキーワードに基づいてカスタマイズされ、SEOに最適化されたコンテンツの生成を、ChatGPTに対して促します。

なお、SEOプロンプトの目的は次のとおりです。

> - **検索エンジンのランキング向上：**
>
>   適切なキーワードと内容で構成されたプロンプトは、検索エンジンがコンテンツを理解し、狙った検索キーワードに対してランクアップにつながります。

- **ユーザー体験の向上：**

  目的に合ったコンテンツ生成により、ユーザーが求める情報を提供し、サイトの信頼性とユーザー滞在時間の向上に寄与します。

- **競争力の確保：**

  ターゲットキーワードにおいて競合他社と差別化されたコンテンツを提供することで、より多くのトラフィックを獲得します。

このように、ランキング上位表示を狙うだけではなく、コンバージョンやブランディングも目的としています。

●SEOプロンプトの事例

以下は、SEOプロンプトの作成における簡単な事例です（実践的なプロンプトは第3章以降で後述します）。

事例❶　地域特化型ブログ記事の生成

プロンプト：
「東京でのベストカフェについて、観光客向けにガイド記事を作成してください。キーワードには"東京 カフェ ガイド" "おすすめカフェ" "カフェ巡り"を含めてください。」

このプロンプトは、特定の地域（東京）に焦点を当て、関連するキーワードを明示的に指示しています。生成されたコンテンツは、指定されたキーワードを自然に含む形で、東京のカフェを紹介するガイド記事になります。

次は、さらに掘り下げたSEOプロンプトです。

事例❷ 地域別レストランガイド

ターゲットキーワード選定：「京都 ベジタリアン レストラン」

プロンプト：
「京都でおすすめのベジタリアンレストランに関する詳細ガイドを作成してください。キーワード"京都 ベジタリアン レストラン"を含め、訪問者に役立つ情報、メニューの例、アクセス方法を提供してください。」

このプロンプトは、特定の地域（京都）とターゲット（ベジタリアンレストラン）に焦点を当てています。コンテンツは、検索ユーザーにとって実際に役立つ情報を提供するよう設計されており、特定のキーワードを自然に組み込んでいます。

事例❸ 製品レビュー

ユーザーの検索意図理解：「最新スマートウォッチ 機能比較」

プロンプト：
「2023年にリリースされた最新のスマートウォッチの機能を比較し、技術愛好家向けに詳細レビューを書いてください。キーワード"最新スマートウォッチ 機能比較"を用い、各モデルの特徴、バッテリー寿命、価格帯を紹介してください。」

この事例では、ユーザーが具体的な製品の比較情報を求めている検索意図を捉え、それに対応するコンテンツを生成するようChatGPTに指示しています。

以上、コンテンツSEOに関わるプロンプトの考え方について解説してきました。第3章以降では、実践的なプロンプトを紹介していきます。

第3章

AIを組み入れたコンテンツSEO実践

AIの利点をコンテンツSEOに活かす

3.1 キーワードリサーチについて

この節の内容

- キーワードリサーチについてのAI利用は目安
- Google Trendsについて
- Googleのキーワードプランナーやラッコキーワードの利用

●AIを活用したキーワードリサーチについての考え方

2.4で解説したように、キーワードリサーチは、SEO戦略の基盤を形成します。

キーワードリサーチにAI技術を活用することは、広範囲のデータからインサイトを抽出し、未探索のキーワードを発見する強力な手段となりますが、他のサイトと連携もない通常のAI利用はあくまで「目安」としてのみ機能します。

重要なのは、Google TrendsやGoogleキーワードプランナー、ラッコキーワードなどのツールを使用して独自にリサーチを行うことです。この節では、文章生成のプロセスの中で、従来のツールをどのように効果的に組み合わせるかについて解説します。

●狙い目となる好機を診断

Webページのテーマを検討する上で、時間的な観点から「流行る言葉」であるかどうかも調査する必要があります。

例えば、今現在多く検索されていたとしても、下降線をたどっている最中である可能性もあります（特に、急降下している場合は要注意です）。

その場合、そのキーワードをページテーマとして用いることは避けるべきです。

逆に狙い目なのは、今は旬ではないけれども、検索数が上っている兆しが見えるキーワードです。なぜなら、先行者利益を得ることができるからです。

▼図3-1-1　検索数の流れを読み解く

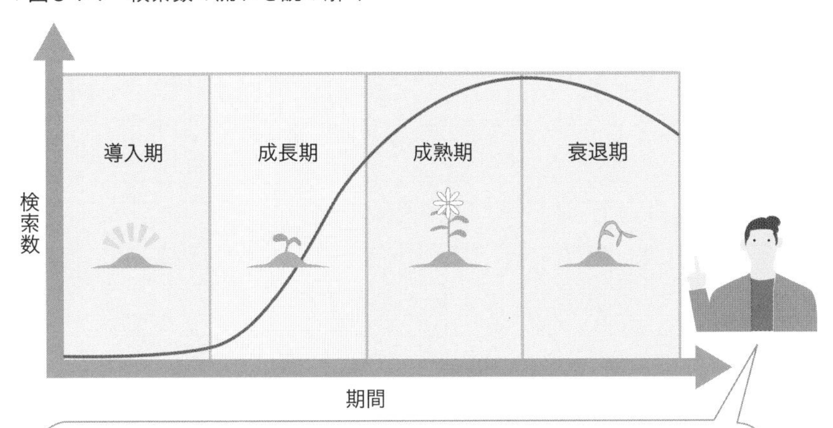
導入期
成長期
成熟期
衰退期
検索数
期間
ただし検索数の場合、ずっと停滞したままや、一定の検索数はあるけど方向性が見えないというキーワードもあります。また、何度も上下動を繰り返すこともあります。

導入期→成長期→成熟期→衰退期などのトレンドを読み解くことが重要です。

●Google Trendsを利用

フリーツールの「Google Trends」を利用すれば、検索数の変化を視覚的に確認することができます。

URL https://trends.google.co.jp/trends/

例えば、検索窓に「串カツ」を入力して「調べる」ボタンを押し、計測期間を12ヶ月で調査すると、図3-1-2のような結果となりました。

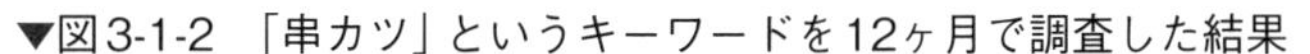
▼図3-1-2 「串カツ」というキーワードを12ヶ月で調査した結果

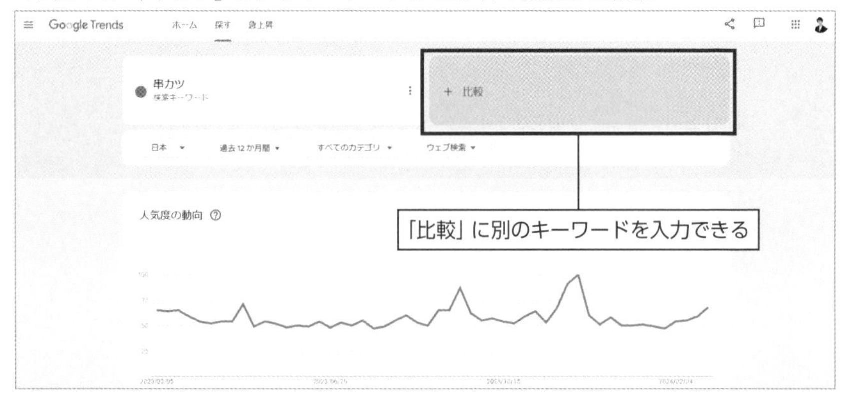

図3-1-2の「比較」内に別のキーワードを入れていくと、図3-1-3のように、他のキーワードとの比較もできます。

▼図3-1-3 キーワードを比較した事例

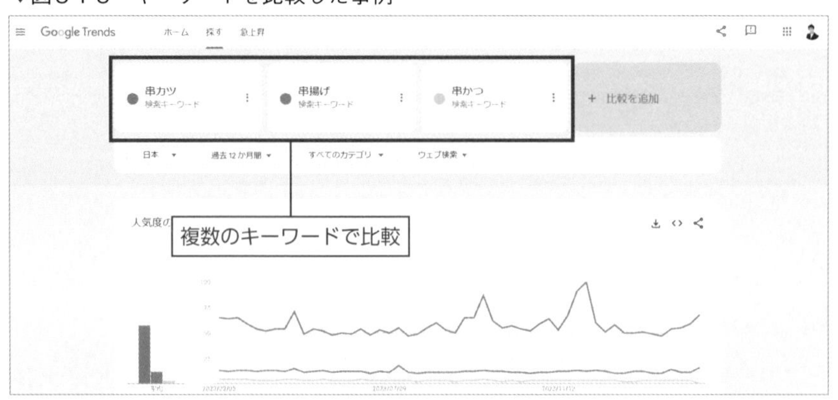

ここで重要なのは、同じ対象サービス、ここでは同じもの(「串カツ」「串揚げ」「串かつ」)を指す場合でも、“入力”によって検索ボリュームが異なるということです。

このことから、Google Trendsで検索の流れを追うことができるだけでなく、そもそものキーワードの妥当性を確認することもできます。

この例でいえば、検索ボリュームにこれだけ圧倒的な差があることから、「串カツ」中心のキーワード選定を行うことがベストな選択です。

●Google広告のキーワードプランナーを利用する

Google広告のキーワードプランナーでは、検索需要(検索ボリューム)だけでなく、競合も調べることができます。

URL https://adwords.google.co.jp/KeywordPlanner

▼図3-1-4 Google広告の画面

図3-1-4や図3-1-5のとおり、ログイン後、「ツール」→「キーワードプランナー」→「検索のボリュームと予測のデータを確認する」の流れでクリックしてからキーワードを入力の上、「開始」ボタンを押します。

▼図3-1-5　キーワードプランナーの画面

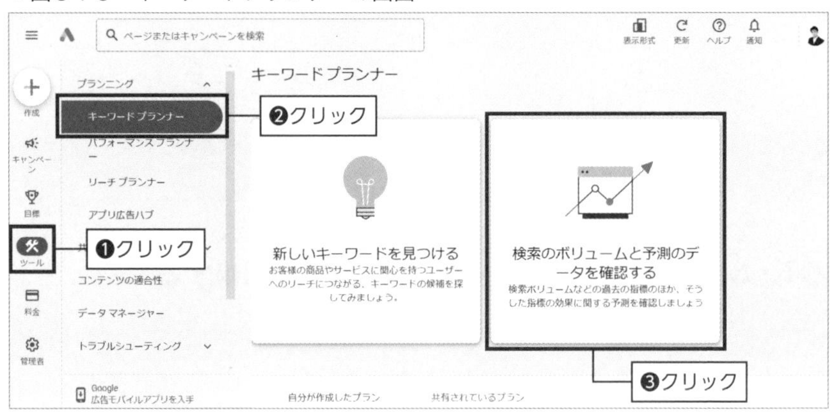

すると、図3-1-6のようにデータを見ることができます。

▼図3-1-6　月間平均ボリュームや競合性についてのデータ

●ラッコキーワードを利用する

ラッコキーワードは有料版もありますが、無料でも有料級のツールが満載で重宝しています。

URL https://related-keywords.com/

例えば、「畳」風または「畳」素材を用いた「マット」を販売している場合、図3-1-7のように、「畳」関係で検索ボリュームがあるキーワード一覧を抽出します。

▼図3-1-7　畳関係で検索ボリュームのある一覧

すると、「畳」と「マット」を用いたキーワードに次の2つが抽出されました。

❶ 畳　ジョイントマット

❷ 畳　パズルマット

その上で、この2つを前述の「Google Trends」に入力すると、次の図3-1-8のような結果となりました。

▼図3-1-8　２つのキーワードを再度比較

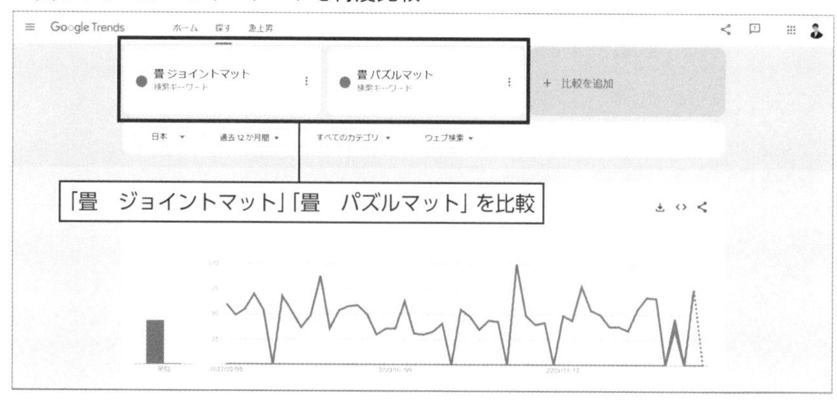

ちなみに、畳とジョイントマットの間は半角スペースにします。半角スペースにしないと、きちんとした数字を拾うことはできません。

このように、複数ツールの合わせ技も可能です。

以上、キーワードリサーチに関してだけは、ツールを用いて数値をもとにターゲットとするキーワードを決定するようにしましょう。

注意としては、Geminiの場合は5.2を参照してください。あくまでも参考程度ということになりますが、ChatGPTよりは、比較的精度が高くキーワードリサーチをおこなうことができます。

3.2 titleやdescriptionを最適化する

この節の内容

- titleとdescriptionを最適化する
- SEO内部対策の最重要要素
- 生成結果の癖を理解する

●SEO要素のおさらい

2.4でプロンプトには、次の4要素が重要であることを解説しました。

❶命令または指示 - モデルに実行してほしい特定のタスクまたは命令

❷文脈 - 外部情報や追加の文脈が含まれる

❸入力データ - 回答を見つけたい入力または質問

❹出力指示子 - 出力のタイプや形式を示す

2.2でも解説しましたが、「Prompt Engineering Guide」に基づき、「要素+形式（書き方）」がベストな生成結果につながります。

```
### 指示 ###
モデルに実行してほしい特定のタスクまたは命令を書いてください。
(出力指示子) 出力のタイプや形式を示します。

条件：
・指示に付随する細部の指示を与えます。
(※複数の場合は、リスト形式にします)
```

文脈（背景）：外部情報や追加の文脈を含みます。

入力データ：回答を見つけたい入力または質問を書いてください。

複数のSEO指示を行う際は、この中の「条件」という項目で、プロンプトを作成していきます。

●title、descriptionとは？

SEOでは、内部対策と外部対策の両方が重要です。内部対策は、Webサイト自体の改善に関わるもので、外部対策は、そのWebサイト外からのリンクや評価を中心に取り組むものです。

本書では、SEOにおけるAIの活用に焦点を当てていますが、特に内部対策、中でもコンテンツSEOを重要視して解説しています。

コンテンツSEOの中でも、特にtitleタグとmeta descriptionタグは、検索エンジンにおけるWebページの評価において中心的な役割を担います。これらは、検索結果に表示されるWebページのタイトルと説明文に直接影響するため、ユーザーのクリックを促すためにも最適化されるべきです。

特にtitleタグに関しては、競争が激しいキーワードで上位表示を目指す場合、狙っているキーワードを適切に含めることが極めて重要です。titleとdescriptionの最適化は、検索エンジンからより良い評価を受け、目的のキーワードでの上位表示を目指す上で、特に重要な要素といえるでしょう。

なお、この際の留意点としては、head内（HP内部には現れない入力箇所、例えばtitleやdescription）とbody内（HP内部に現れる入力箇所）で使用する言葉を合わせることが重要です。

ちなみに、HP内部に無い言葉をtitleやdescriptionに使用すると、故意にランキング操作したと思われ、順位が落ちる原因にもなるため、注意が必要です。body内の最適化は4.5で解説します。

また、head内に入力すると、主に検索結果に抽出されることが多いです。

▼図3-2-1　検索結果

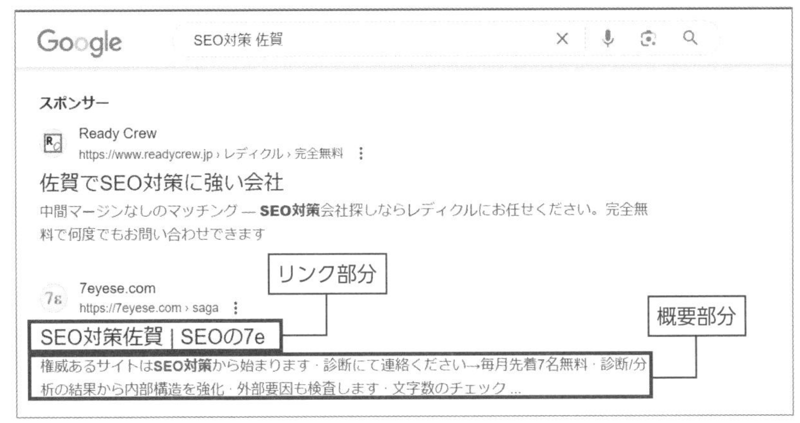

この検索結果のリンク部分がtitleで、概要部分がdescriptionです。そして、例えばWordPressなら、次のような箇所に入力していきます。

▼図3-2-2　WordPressの入力例

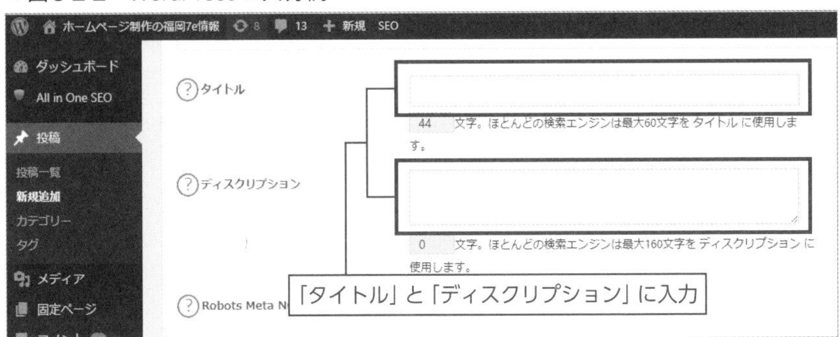

●titleの最適化について

前述のとおり、titleとは、検索結果に表示されるリンク部分のことです。HTMLソースコード内にある<title>と</title>に挟まれている文字部分が主に表示されることになりますが、実際の記述よりも、かなり大幅に省略される場合もあります。

そのtitleについては、次のような留意点があります。なお、前提として、狙ったキーワードを組み入れます。

❶明解で短く表現されている（可能なら24文字以内）

省略されないように、キーワードを含めて簡潔にまとめる必要がある

❷Webページ内部との一致

コンテンツを要約した内容で、それを的確にまとめている必要がある

❸検索キーワードとの関連性

関連のある言葉を使用する必要がある

これをプロンプトに組み入れることで、コンテンツSEOに留意したtitleを作成することができます。

titleのプロンプト事例（狙うキーワード「ChatGPT 未来」）

```
### 指示 ###
titleを10個提案してください。
文字数は24文字以内の体言止めで書いてください。

条件：
・"ChatGPT"と"未来"とその関連語句を必ず用いてください。
・【】や：などの装飾は使用不可です。
```

この生成結果が次のとおりです。

▼図3-2-3　生成結果

・【】や：などの装飾は使用不可です。

ChatGPT

1. 未来の会話相手、ChatGPT
2. ChatGPTの知識、未来へ
3. 未来の探求者、ChatGPT
4. ChatGPT、未来への案内人
5. 未来を照らすChatGPT
6. ChatGPT、未来のパートナー
7. 未来への窓、ChatGPT
8. ChatGPTと共に未来へ
9. 未来を解き明かすChatGPT
10. ChatGPT、未来の道標

生成された中からピンときたものを選んでください。もし、これだというものがなければ、再度出し直しの指示を行うとよいでしょう。これで、titleの完成です。

titleをもとに記事を書いたら、留意点の“❷Webページ内部との一致”も見直しましょう。

●descriptionの最適化について

descriptionを記述する主な目的は、「ページの概要説明」です。ユーザーが検索したキーワードがdescription記述に含まれていた場合、その該当キーワードは、図3-2-4の枠内、太字になっている部分のように表示されるため、ユーザーは、検索目的と合致する内容のWebサイトであると即座に判断することができ、クリック率にも好影響を与えます。

なので、ユーザー動向を意識して、必ず狙う検索キーワードを入れるようにしましょう。

なお、必ずしもdescriptionに書いた内容が、図3-2-4のように表示されるとは限りませんが、表示されやすくなるよう、確度を高めることはできます。

▼図3-2-4　検索結果の例

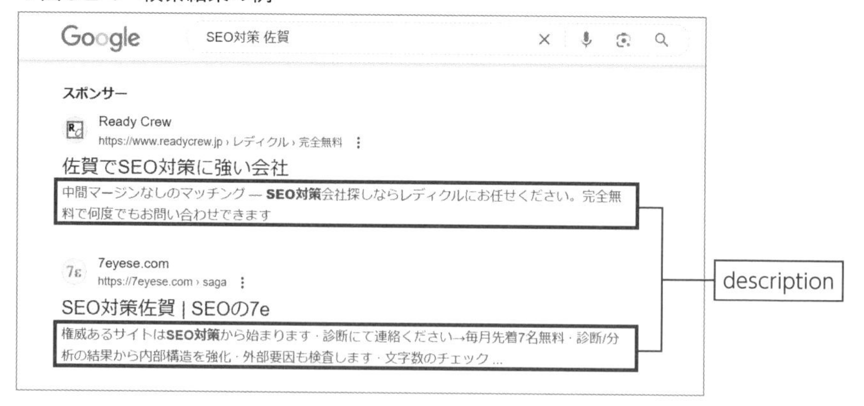

descriptionの書き方

```
<meta name="description" content="Webページの説明・要約文 ">
```

ただ、現在のHPは、前述の図3-2-2のように、ほとんどCMSといわれる管理画面で作成するタイプで、descriprionや概要文などの入力箇所がありますので、その中に入力します。

このdescriptionを記述する上での留意点ですが、PCから検索した際の表示結果において、65～100文字程度表示されます。一方スマートフォンでは一般的に50～60文字程度が表示されるようです。

この条件から、スマートフォンでもきちんとPRできるよう、途中で切れる前に次の2点に気を付けることが大切です。

・狙うキーワードは50文字以内とする
・全体として、MAX100文字程度とする

現在、多くの人が、検索をモバイルで行います。そのため、なるべく50文字以内に狙ったキーワードを組み入れるべきです。

よって、descriptionのプロンプトは次のように記述します。

注意：Geminiの場合は5.2参照

```
### 指示 ###
descriptionを10個提案してください。
文字数は100文字程度で書いてください。

条件：
・"ChatGPT"と"未来"を文頭から50文字以内に組み入れ、その関連語句も必ず用いてください。
・【】や：などの装飾は使用不可です。
```

その生成結果が次のようになります。

▼図3-2-5　生成結果

ChatGPT
1. ChatGPTが未来の会話を導く。感情解析により、自然なコミュニケーションを提供。
2. 未来を見据え、ChatGPTが教育分野での役割を拡大。個別学習を促進し、知識の深化をサポート。
3. ChatGPTが未来のメディアを形作る。情報のフィルタリングとカスタマイズされたコンテンツ提供で、利用者の関心を捉える。
4. 未来を見通し、ChatGPTが健康管理を支援。個々のニーズに合わせたアドバイスとケアを提供。
5. ChatGPTが未来のビジネスをリード。データ駆動の意思決定と効率的なコミュニケーションで、業績を向上。
6. 未来への準備、ChatGPTが環境保護に貢献。持続可能な解決策を提案し、意識の向上を促進。
7. ChatGPTが未来の研究を支援。膨大な情報から知識を抽出し、新たな発見を促進。
8. 未来への展望、ChatGPTが精神的な支援を提供。リアルタイムの相談とアドバイスで、心の健康をサポート。
9. ChatGPTが未来のエンターテイメントを革新。インタラクティブな体験とストーリーテリングで、視聴者を魅了。
10. 未来を見据え、ChatGPTがグローバルなコラボレーションを促進。文化の架け橋となり、世界をつなぐ。

生成結果を確認すると、一番長いdescriptionでも、3.の60文字でした。実は、文字数に関して、"以内"とした時は概ね間違いではないのですが、"程度"と指示した時は、かなり曖昧で差が大きいようです。

今回の検証結果では、100文字をMax値で考えた場合、3倍の300文字を指定すると、100文字前後になる確率が高かったのです(※念のため、GPT3.5、2024年4月現在であり変更する場合は再度微調整が必要)。

なお「●●文字以下」については、ChatGPTとGeminiに大きな違いは見られませんでしたが、「●●文字程度」については、GeminiはChatGPTよりも、さらに少なく生成してくることが判明しました。

そのため、次のようにプロンプトを変更します。

```
### 指示 ###
descriptionを10個提案してください。
文字数は300文字程度で書いてください。

条件：
```

・"ChatGPT" と "未来" を文頭から 50 文字以内に組み入れ、その関連語句も必ず用いてください。
・【】や：などの装飾は使用不可です。

すると、次のように概ね100文字前後ぐらいに落ち着きました。

▼図3-2-6 3倍の文字数指示で文字数の帳尻があった例

editGPT

軟な応用が可能になり、革新的な解決策や創造的なアイデアの発見を支援します。次世代のコミュニケーションを体験しましょう。

6. ChatGPTは未来への革新的な一歩です。自然な対話と高度な理解力を兼ね備え、新たなアイデアの創出や問題解決を促進します。AIの力で未来を形作る一翼を担い、知識と洞察の可能性を探求しましょう。
7. 未来志向のChatGPTが、次世代のコミュニケーションをリードします。革新的な自然言語処理技術により、より洗練された会話と深い理解が可能になり、知識の共有や創造的なアイデアの交換が促進されます。AIの力で未来を切り開きましょう。
8. ChatGPTは未来への扉を開くキーコンポーネントです。高度な自然言語理解技術により、より深い会話と理解が可能になり、新たな発見や革新的な解決策の模索を支援します。AIの力で未来を共に築き上げましょう。
9. 未来への飛躍を体現するChatGPTは、知識と洞察の新たな源泉です。自然な対話と高度な理解力を備え、問題解決やクリエイティブなアイデアの発想をサポートします。AIの進化により、より深いコミュニケーションが可能になりました。
10. ChatGPTは未来のコミュニケーションの旗手です。先進の自然言語処理技術により、より深い会話と理解が実現され、革新的な解決策や新しいアイデア が育ちます。AIの力で未来を明るくしましょう。

このように、ChatGPTの力を見極めながら指示をするのが、現在の最適なプロンプトといえると筆者は考えています。なお、文字数調整については、3.4でも別の手法を解説しています。

自己分析に、「ジョハリの窓」という考え方があります。この中で、他人は知っているが自分は気づいていない自己を「盲点の窓」と表現しますが、これに置き換えると、次のようになります。

ChatGPTは気づいていないが、指示を出して検証した人は気づいている

ChatGPTとの付き合い方において、盲目の窓が存在していることを念頭に置きながらプロンプトを書いていくことが私たちに求められているのです。

3.3 SEO戦術プロンプトについて

この節の内容

- ChatGPTのキャラクター設定について
- ペルソナ設定とは
- 文章にリアル感を組み入れる

●ChatGPTは多重人格なのでキャラクター設定が必要

プロンプトを書くにあたっては、あらかじめChatGPTが理解しやすいように情報提供することが大事です。場合によっては、プロンプトに関する前提知識や背景情報を提供する必要もあります。その際は、その情報が読み手にとって必要なものであることを明示し、できるだけ簡潔かつ的確に伝えるようにします。

ChatGPTは多重人格のため、『あなたは○○です。』のように、きちんとキャラクターの設定を行ってあげることが必要になります。

ただ、実はそれだけでは不十分なのです。次のようなプロンプトで指示を与えたところ、生成結果にエラーを起こしてしまいました。

悪い例

```
### 指示 ###
PRタイトルとPR文をつくってください。
文脈 (背景):あなたは、福岡のジュエリー作家なおみです。
```

これだけのプロンプトの場合、生成が次のようになる場合があります。

▼図3-3-1　生成された回答の例

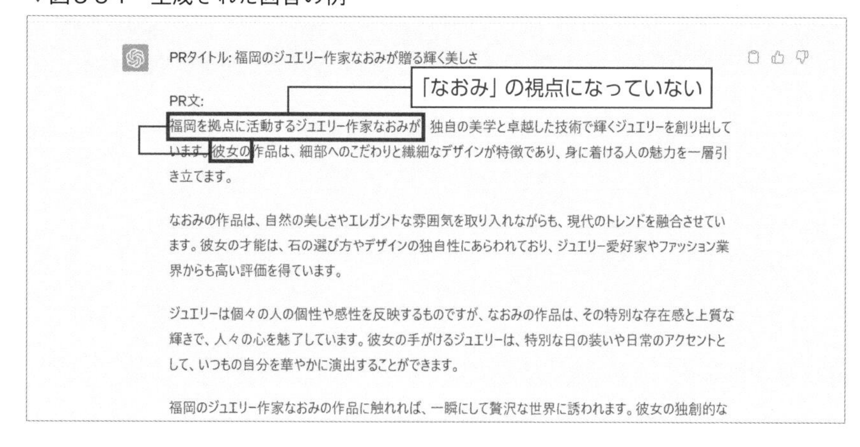

「なおみが、」や「彼女の才能は、」のように、「なおみ」の立場に立って書いていません。

そのため、次のように①～③いずれかの一文を加えます（1.3でも軽く触れています）。

良い例

文脈（背景）：福岡のジュエリー作家なおみです。
①なおみの視点で書いてください。
②なおみ自身がPRする形で書いてください。
③なおみの視点で、自己紹介をしてください。

すると、次のように「なおみ」の立場で改善されました。

▼図3-3-2　①の一文を加えた場合の生成結果

PRタイトル: 福岡のジュエリー作家なおみが織りなす輝きと美しさ
「なおみ」の視点で書かれている
PR文: 福岡のジュエリー作家なおみです。私は一つ一つのジュエリーに魂を込め、繊細なデザインと職人技術で輝きと美しさを生み出しています。私の作品は、自然の美しさや日常の小さな幸せを象徴し、人々の心を満たすことを目指しています。繊細な彫刻や石の配置、色彩の調和など、細部にまでこだわり抜いた作品は、着ける人に個性と自信を与えることでしょう。福岡の風景や文化からインスピレーションを得て、独自のアートピースを創り出すことを心がけています。私のジュエリーは、永遠の輝きと共に人々の特別な瞬間を飾ることで、一生の思い出となるでしょう。福岡のジュエリー作家なおみがお届けする、繊細で美しいジュエリーの世界をぜひご堪能ください。
Regenerate response

これでもエラーが発生する場合もあります。その場合は、「文脈：」の下に、次の一文を加えます。

例：福岡のジュエリー作家なおみです。私は・・・

このように、例を示すことで理解しやすくなり、エラーを防ぐことができます。

●ペルソナを文章に組み入れる

「ペルソナ設定」はマーケティング戦略を基礎から構築するための重要な要素で、顧客の年齢、性別、興味関心、行動パターン、ニーズなどの要素に基づいて作成される、イメージ上の「仮想の人物」です。

このペルソナを文章に組み入れることで、次のようなメリットがあります。

❶読者へのアピール：

読者に対してより具体的にアピールすることができます。読者は自分自身をそのペルソナに重ね合わせることができ、文章に共感しやすくなります。

❷コンテンツのパーソナライズ：

読者のニーズや関心に合わせて役立つコンテンツに改善できます。例えば、特定のペルソナにとって重要な情報や解決策を提供することができます。

❸マーケティング戦略の改善：

ペルソナを考慮に入れることで、マーケティング戦略を改善することができます。読者のニーズや好みを理解し、適切なメッセージやアプローチを選択することができます。

実は、上記❶〜❸以外に、リアル感のある中身の濃い文章を生成できることから、SEOにもプラスに働いているのです。

●ペルソナ設定のプロンプト

実際に、前述のペルソナ設定を、次のような条件でChatGPTに作成してもらいました（※例：青汁通販専門店たっきー）。

```
### 指示 ###
下記条件をもとにペルソナを設定してください。

条件：
・40代以上の女性
・運動不足
・不規則な生活
```

> 文脈（背景）：青汁通販専門店たっきーです。

さらに、上記の生成結果をもとに要約の指示を出して、その中の一部である以下の文章をペルソナとして組み入れると、以下のようになります。

> 健康志向の忙しい40代以上の主婦です。彼女は運動不足や不規則な生活に悩んでおり、健康な生活を送りながらエネルギッシュに日常をこなしたいと願っています。彼女は手軽に摂取できる栄養補助食品を求め、天然由来の成分やオーガニック製品に興味を持っています。彼女はインターネットを情報収集に利用し、青汁通販専門店たっきーのWebサイトやオンラインショップが便利なチャネルです。彼女はメールやSNSを通じて新商品やセール情報を受け取ることを好みます。

その上で、次のようなプロンプトでコラムタイトルとコラム記事を作成してもらいます。

```
### 指示 ###
コラムタイトルとコラム記事を作成してください。
丁寧なトーンで書いてください。

文脈（背景）：青汁通販専門店たっきーです。
青汁通販専門店たっきーの視点から書いてください。

ペルソナ：
健康志向の忙しい40代以上の主婦です。彼女は運動不足や不規則な生
活に悩んでおり、健康な生活を送りながらエネルギッシュに日常をこ
なしたいと願っています。彼女は手軽に摂取できる栄養補助食品を求
め、天然由来の成分やオーガニック製品に興味を持っています。彼女は
```

インターネットを情報収集に利用し、青汁通販専門店たっきーのWebサイトやオンラインショップが便利なチャネルです。彼女はメールやSNSを通じて新商品やセール情報を受け取ることを好みます。
「ペルソナ」は文脈や入力データに値するため、最後に入力します。生成結果は次の通りです。

▼図3-3-3　生成結果

コラムタイトル:「忙しい主婦のための健康習慣：手軽に取り入れる青汁の力」

コラム記事:

こんにちは、青汁通販専門店たっきーです。本日は忙しい40代以上の主婦の皆様に向けて、健康な生活を送りながらエネルギッシュに日常をこなすためのお役立ち情報をお届けします。運動不足や不規則な生活が悩みの種である多くの主婦の方々にとって、手軽に取り入れることができる栄養補助食品として青汁が注目されています。

忙しい日常生活では、時間の制約があり、健康管理が疎かになりがちです。そこで、青汁は手軽で効果的な健康習慣の一つとして選ばれています。青汁には豊富な栄養素が含まれており、自然由来の成分やオーガニック製品に興味のある方には特におすすめです。

青汁通販専門店たっきーでは、厳選された高品質な青汁製品を幅広く取り揃えております。当店の青汁は、手軽に摂取できる粉末や錠剤タイプ　Regenerate response　しております。ご自宅で簡単にお召し上がりいただけるため、忙しい主婦の方に最適です。

このように、具体的なターゲットを組み入れて文章を作成してくれます。

3.4 文字数・文字密度、言葉選定のSEOプロンプトについて

この節の内容

- 上位表示には文字数が関わる
- 文字数だけではなく、文字密度にこだわることが重要
- 文字密度の正体は関係性のある言葉

●全体の文字数を考えて原文を作成

筆者がこれまで関わってきた数千のWebサイト（サイト診断を含む）の傾向を見ると、2024年4月現在、最低でも1ページあたり1500文字、理想的には2000〜2500文字程度が、競合する中での上位表示に必要だと考えられます。さらに、最低限の文字数がなければ上位表示が難しいという傾向も見受けられます。

相対評価で順位が決定するため、有益なコンテンツには、1ページあたり2000〜2500文字程度が必要ですが、そもそも、「有益なコンテンツ」という概念を明確に定義するのは難しいです。もちろん、文字数が必要だからといって、ページテーマから逸脱した冗長な文章を書き連ねても、検索結果の上位表示にはつながりません。

コンテンツの価値は、質と量の両方に依存します。

他のWebサイトと同等の質で競合している場合、量が勝敗を左右することになります。

また、筆者は「量が質を生む」とも考えています。大半のテーマに適用できると思われますが、適度なボリュームがあって初めて、一定の質を維持することが可能です。

●ChatGPTの文字数指示について

3.2で前述したように、ChatGPTの文字数指定指示について、次のような傾向があります。

- **○○文字以内に要約してください。**
  確かに従うが、かなり指定文字数より少なめに生成する。

- **○○文字程度で書いてください。**
  かなり少なめに生成する。

このことから、以内であっても少なすぎると困る場合はプロンプトを変更することが求められます。

その他、筆者による検証の結果を紹介します。

文字数指定において、筆者がおすすめするプロンプトが次のとおりです。特徴としては、条件を組み入れます。まずは1.で文字数を指定しますが、2.のように、ChatGPTに確認も行ってもらいます。その後、3.のように文字数が異なれば修正してもらい、4.のように条件を満たすまでは、繰り返してもらいます。

文字数指定のプロンプト事例

```
### 指示 ###
descriptionを作成してください。

条件：
1.冒頭に"浚渫工事"を含め、文字数全体を100～120文字にしてください。
2.文字数が100文字以上120文字以下であることを確認してください。
3.文字数が異なれば、修正してください。
4.条件を満たすまで繰り返してください。
```

このプロンプトによる生成結果は、図3-4-1のようにちょうど100文字となりました（Geminiでも検証したところ、文字数については、ChatGPTよりも精度が悪い結果となりました。加えて、文字配置も上手くいきませんでした）。

▼図3-4-1　GPT3.5での生成結果 注意：Geminiの場合は5.2参照

You
指示
descriptionを作成してください。

条件：
1.冒頭に"浚渫工事"を含め、文字数全体を100～120文字にしてください。
2.文字数が100文字以上120文字以下であることを確認してください。
3.文字数が異なれば、修正してください。
4.条件を満たすまで繰り返してください。

ちょうど100文字

ChatGPT
浚渫工事のため、湖や河川の底に蓄積した泥や砂を取り除きます。これにより水深を確保し、水路の流れを改善します。環境への影響を最小限に抑えながら、地域の水源や生態系を保護しつつ、効果的な浄化を実施します。

次に、GPT4で同じ指示を行ってみました。

結果は、図3-4-2のように、111文字となり、指定範囲で生成してくれました。

▼図3-4-2　GPT4での生成結果

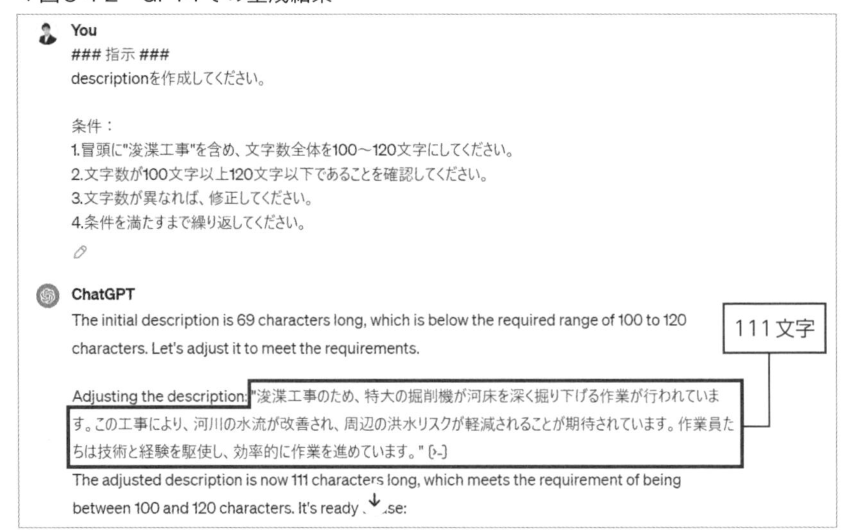

ちなみに、精度については、現況GPT3.5ではほぼ指定範囲どおりで、GPT4では100%指定範囲内となりました。

●1000文字以上の文字数を指定する場合

実は、同じ指示であったとしても、1000文字を超えるあたりから、GPT3.5とGPT 4に大きな違いが出ます（2024年4時点での検証です）。

まずはGPT 4で指示した場合ですが、次のような4000〜6000文字を指示したプロンプト（図3-4-3）と、その生成結果（図3-4-4）です。

▼図3-4-3　4000～6000文字指定のプロンプト

You
指示
記事を作成してください。

4000～6000文字を指示

条件：
1.冒頭に"浚渫工事"を含め、文字数全体を4000～6000文字にしてください。
2.文字数が4000文字以上6000文字以下であることを確認してください。
3.文字数が異なれば、修正してください。
4.条件を満たすまで繰り返してください。

ChatGPT
浚渫工事は、水路や港湾を深くしたり、水底の障害物を取り除いたりするために行われる土木工事の一種です。この作業は、船舶の安全な航行を保証し、商業的な利用やレクリエーション活動を可能にするために不可欠です。浚渫はまた、河川や湖の堆積物を管理し、洪水リスクを減少させる重要な手段としても機能します。この記事では、浚渫工事の概要、その重要性、実施方法、環境への影響、および最近の技術進歩について詳しく説明します。

▼図3-4-4　生成結果

共有されるべきです。

未来に向けて、浚渫技術の更なる革新と環境保護措置の強化により、水路の安全性と生態系の健全性を両立させることができるでしょう。地球環境への影響を考えながら、必要な浚渫工事を適切に実施することで、私たちは持続可能な水環境の管理に貢献できます。浚渫工事は単なる土砂の除去以上の価値を持ち、環境、経済、社会のすべてにおいて重要な役割を果たすのです。

このように、浚渫工事は多岐にわたる目的と利益をもたらしますが、その実施は環境への配慮と技術の進歩に支えられています。未来志向の浚渫技術と管理手法の発展により、人類は自然環境を守りながら、水路の利便性と安全性を向上させることができるでしょう。環境との調和を図りつつ、浚渫工事が持続可能な発展を支えるために、今後も技術革新と環境保全の取り組みは進められる必要があります。

文字数を確認して、条件を満たしているかどうか見てみましょう。

文字数確認を促す記述

4168文字でOKです！

GPT 4では、途中、「続きを書いてください。」というプロンプトを挿入しながらも、最後の行に、「文字数を確認して、条件を満たしているかどうか見てみましょう。」という記述があります。実際、4168文字で大丈夫でした。

一方、GPT3.5の場合は、指示どおりに動いてくれません。

ただ、精度の面から考えると、最もよいのは、まず文章中の見出しを作成し、その見出しごとに記事を生成して、最後にすべてを組み合わせるという手法です。

色々と検証した中では、この手法の確度が高いようです。

見出しの作成については後述します。

●その業界の専門用語を用いる

どんな業界にも、専門用語が少なからずあります。そして、実はこの専門用語、SEOの観点からはぜひ使っていくべきなのです。

専門用語は、その業界内ではよく使用される言葉のはずです。

適正に使用されていれば、検索エンジンのロボットから高く評価されることになります（業界外のユーザーが見ても理解できるような配慮が必要ですが）。

「ネイル業界」を例に、具体例を見てみましょう。

どうやら、業界的な専門用語と一般的な用語では少し異なるようです。

ネイル業界用語	一般的用語
アーティフィシャルネイル	人工爪
ネイルチップ	つけ爪

この場合、「ロボット向けの言葉（ユーザー向けの言葉）」のように、ロボットを主にしながら2つとも用いることで、検索エンジンのロボットにもユーザーにも配慮された言葉となり、どちらからも共感を得られ、結果として上位表示しやすくなります。

- アーティフィシャルネイル（人工爪）
- ネイルチップ（つけ爪）

ここで、ChatGPTに必要なプロンプトは以下の内容です。

例：
一般的な言葉と業界の専門用語の両方を用いてください。
あなたは、ネイル業界に詳しいプロのライターです。

この『一般的な言葉と業界の専門用語の両方を用いてください。』と『ネイル業界に詳しい…』部分をプロンプトに加えることで、実は、SEOに必要な言葉が増えてきます。

というのも、ユーザーは業界のことを知りたくて閲覧しているわけですので、専門用語を知りたがっているわけですが、「アーティフィシャルネイルとは」や「ネイルチップとは」などのように、専門用語を検索する方もいるでしょう。そのような、初心者・初級者の疑問に答えることができる、一般的な言葉から段階的に説明しているWebサイトが評価されやすいのです（後述する共起関係の言葉においては幅が広がることも背景にあります）。

●自立語の数を増やし、文字密度を高める

日本語と英語では書き方に大きな違いがあります。英語では、通常、単語間に空白が入りますが、日本語では単語ごとに空白を入れずに書くのが一般的です。例えば、英語では"I have a pen."のように単語が区切られていますが、日本語では「私はペンを持っています。」と空白なしで書かれます。

区切り線（および空白）を入れた例

私	は	ペン	を	持っ	て	い	ます	。

しかし、検索エンジンの処理システムは、多くの場合、英語のように単語を区切って認識します。これは、検索エンジンがテキストを解析する際の基本的なメカニズムです。

ここで覚えてほしい言葉が、「形態素」です。形態素とは、言語においてこれ以上細分化することができない、意味を持つ最小単位のことを指します。形態素は「単語」と「単語以外の要素」に分類され、さらに単語は「自立語」と「付属語」に細分されます。自立語は独立して意味を持つ単位であり、付属語は他の単語に付加してその意味や形を変化させる単位です。

▼図3-4-5　形態素の内訳

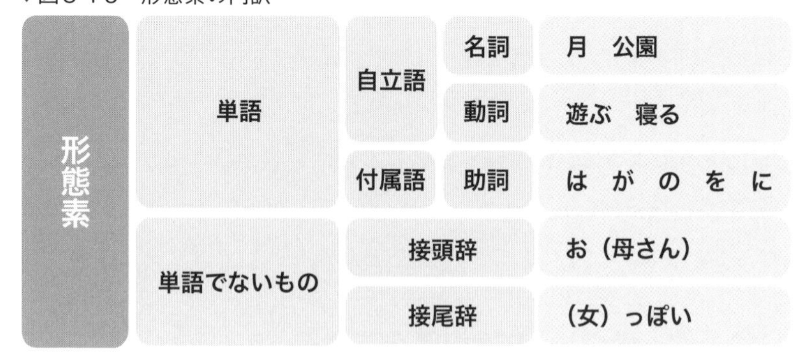

形態素
単語
自立語
名詞
月　公園
動詞
遊ぶ　寝る
付属語
助詞
は　が　の　を　に
単語でないもの
接頭辞
お（母さん）
接尾辞
（女）っぽい

形態素として区分けされる単語の中では、自立語と付属語に枝分かれしますが、さらには「○○詞」といういくつかのグループに分けられます。

単語は実質的な意味を持つ要素として定義されます。これらをさらに細かく分類すると、自立語（例:名詞、動詞）と付属語（例:助詞）に区別されます。自立語は単独で意味を成立させることができる言葉であり、検索エンジンはこれらを「重要」とみなしています。この自立語の中でも、特に、名詞、動詞、形容詞、形容動詞を主要な指標（一部例外もあり）として利用し、結果をランキング化しています。

一方で、付属語に分類される助詞（例:「が」）は、検索結果を絞り込む際にしばしば無視される傾向にあります。これは、付属語が文章の構造を支える役割は果たすものの、内容を直接的に示すわけではないためです。

よって、プロンプトに次の一文を組み入れましょう。

```
### 指示　###
PR文を作成してください。
文章には、可能な限り自立語（名詞、動詞、形容詞、形容動詞）を用いてください。
```

これにより、文章の密度を増すことができるのです。

●関係性のある言葉を用いる

自立語の重要性については既に触れましたが、これらの自立語を中心に構築される文章内には、「関係性のある言葉」が存在します。検索エンジンはまだ文章の意味を完全に解析することはできません。そのため、Webサイトのランキングを決定する際には、自立語（名詞、動詞、形容詞、形容動詞）を基準にして、文章全体の内容を推測しています。

特に、検索エンジンにとって重要なのは、特定のキーワードに関連する、Webサイト内で共に出現する傾向のある言葉です。例えば、「ラーメン」に関するWebサイトでは、「チャーシュー」、「めん」、「ネギ」などの言葉が頻繁に使われます。これらは「共起関係」にある言葉と呼ばれ、検索エンジンはこれらの関連性の高い言葉を利用して、コンテンツ間の関係性を理解しようとします。

▼図3-4-6　共起関係にある言葉

サラダだな！
トマト
レタス
きゅうり
マヨネーズ
きゅうり、トマト、レタス、そしてマヨネーズがあることで、全体の情報からサラダだな！
と人間は推測できますが、ロボットはそれを「・・・かも？」レベルの判断しかできません。
検索意図の理解レベルも考慮すると、やはり「サラダ」というキーワードを用いるべきです。

そして、この共起関係の言葉については、ツールで抽出することができます。

ラッコキーワードの利用

URL https://related-keywords.com/

「肩こり　原因」を入力して検索ボタンをクリックすると、検索ボリュームのある派生語句が抽出されます。

▼図3-4-7 「肩こり　原因」を入力して検索ボタンをクリック

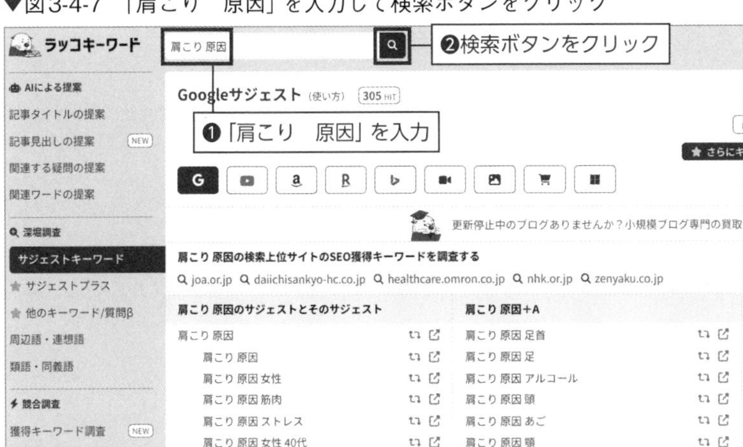

その後、左のメニュー一覧の中にある「共起語（上位20サイト）」をクリックすると、共起語が抽出されます。

▼図3-4-8 共起語の抽出

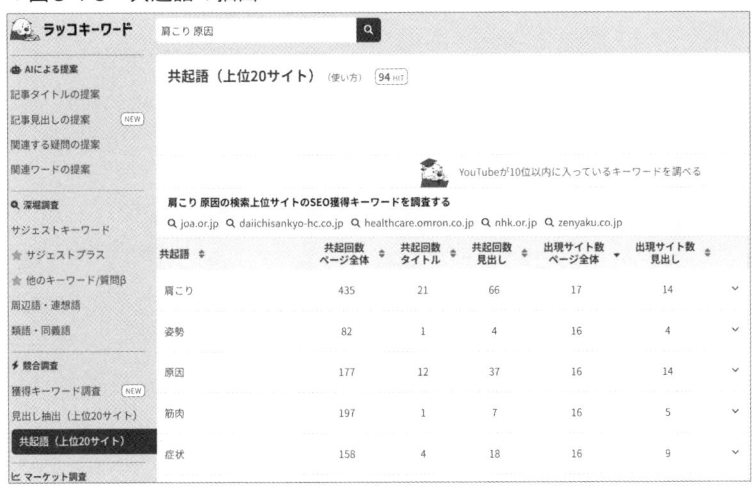

抽出された一覧から共起語をコピーして、次のプロンプトの中に貼り付

けます。

ただし、自分自身の事業に関係がない語句はあらかじめ省いてください。

```
### 指示 ###
コラム記事を修正してください。

条件：下記共起語を組み入れてください。

共起語：
肩こり
姿勢
原因
筋肉
症状
痛み
緊張
```

このプロンプトは、あらかじめ生成した記事に対しての再指示ですが、このようにツールを用いて、骨太体質のコンテンツを作成することができます。

3.5 キーワード突出度を意識する

この節の内容

- ロボットや人間に理解しやすい構造にする
- キーワードを目立たせる
- キーワード突出度とは？

●キーワード突出度とは？

キーワード突出度という用語は、そのキーワードが文書やHTMLソースの中でどれだけ目立つか、すなわち「目立ち度」を指します。特に、文章やHTMLソースの上部や冒頭近くにキーワードがどれだけ頻繁に配置されているかが重要です。

英語ではこの概念を「Keyword Prominence（キーワードプロミネンス）」と呼び、キーワードを効果的に目立たせることにより、検索エンジン最適化（SEO）の評価を向上させる手法として認識されています。

例えば、「Webサイト」という題材の文章の場合、「Webサイト」という言葉を、自然な流れの中で文の冒頭部分やソースコードの上部に配置することが推奨されます。

段落タグの先頭にある例

```
<p>Webサイトとは、ホームページと同義であり・・・</p>
```

つまり、タグを使用する際には、キーワードの突出度を意識的に高めることが重要です。具体的には、タグの初めの部分に、検索結果で上位に表示させたいキーワードを配置することが効果的です。

●ユーザー視点からも…

キーワード突出度はユーザーの視点からも非常に重要です。この概念は、ユーザーが「この文章は何について語っているのか」という核心を迅速に把握できるようにするのに役立ちます。重要なキーワードが文章内で早期に登場しない場合、そのコンテンツが何を伝えたいのかを理解するのが難しくなります。以下の例をご覧ください。

悪い例

```
<p>検索結果において、ウェブページをより高い順位に表示させること
を目的として行う取り組みのことをSEOといいますが・・・・・・・
・・・・・・・・・・・・・・・。</p>
```

この文章を読んでいると、2行目に到達した時点で初めて、「SEO」に関して記述されていることが明らかになります（※誌面の関係でスペースを取れなかったのですが、本来はもう少し長めの文章です）。次に、別の例を見てみましょう。

良い例

```
<p>SEOとは、検索結果において、ウェブページをより高い順位に表示
させることを目的として行う取り組みのことで・・・・・・・・・・・
・・・・・・・・・・・・・。</p>
```

「SEOとは」から始まる文章では、内容についてすぐに理解できます。これは、人間のユーザーだけでなく、検索エンジンのロボットにも当てはまります。特に、読者にとっては、文章の冒頭で早い段階に重要なキーワードを提示することで、その内容の主旨を迅速に把握できるようになります。

●キーワード突出度のプロンプトについて

なるべく文頭にキーワードを置くことが重要です。

そのため、プロンプトは次のようになります。

```
### 指示 ###
記事を書いてください。

条件："肩こりの原因"を文頭に配置してください。
```

▼図3-5-1 生成結果 注意：Geminiの場合は5.2参照

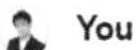
You
指示
記事を書いてください。

条件："肩こりの原因"を文頭に配置してください。

キーワードが文頭に置かれている

ChatGPT
肩こりの原因を考えると、現代人の生活スタイルが主な要因として挙げられます。長時間のデスクワークやスマートフォンの使用、不適切な姿勢などが肩こりを引き起こす可能性があります。さらに、ストレスや運動不足も肩こりの発生に影響を与える要因です。適切な姿勢の維持や定期的なストレッチ、ストレス管理などの対策を取ることで、肩こりを軽減することができます。また、マッサージや適切な運動を取り入れることも効果的です。肩こりは軽視せず、日常生活における健康管理に留意することが重要です。

図3-5-1の生成結果のように、「肩こりの原因」が文頭に配置されました(Geminiで検証したところ、文字配置はうまくいきませんでした。ただし、生成結果内には、タイトルが概ね組み入れられるのですが、そのタイトル内には入ることが多いようです)。

●過剰な施策は避ける

重要な注意点があります。それは、「ユーザーが自然に感じる文章」を基本とすることです。キーワードの突出度に注力しすぎること、すなわち不自然なSEOの過剰な使用によって違和感が引き起こされ、結果として評価を下げるリスクがあります。例えば、以下の例では、タグの最初にキーワードを無理に挿入することで、不自然さが生じています。

悪い例

```
<p>SEOとは・・・・・・・</p>
<p>SEOは内部と外部が・・・・・・・</p>
<p>SEOで最も大事なのは・・・・・・</p>
```

この文章では、pタグを用いて3つの段落に分けて「SEO」に関する内容を述べています。しかし、これらの段落をひとつに統合することで、キーワードの突出度を適切に保ちつつ、過剰な手法を避けることができます。

良い例

```
<p>SEOとは・・・・・で、内部と外部が・・・・・、中でも最も大事
なのは・・・・・・
</p>
```

●過剰な施策を避けた改善プロンプト

過剰な施策を避けた改善プロンプトは以下のとおりです。

- 条件1.の中に「文頭のみに配置・・・」を加える
- 条件2.の中に「全体の中で1箇所です。」を加える

```
### 指示 ###
記事を作成してください。
文字数は2000文字以上で書いてください。

条件：
1."肩こりの原因"を文頭のみに配置してください。
2.全体の中で1箇所です。
```

▼図3-5-2 改善後のプロンプト 注意：Geminiの場合は5.2参照

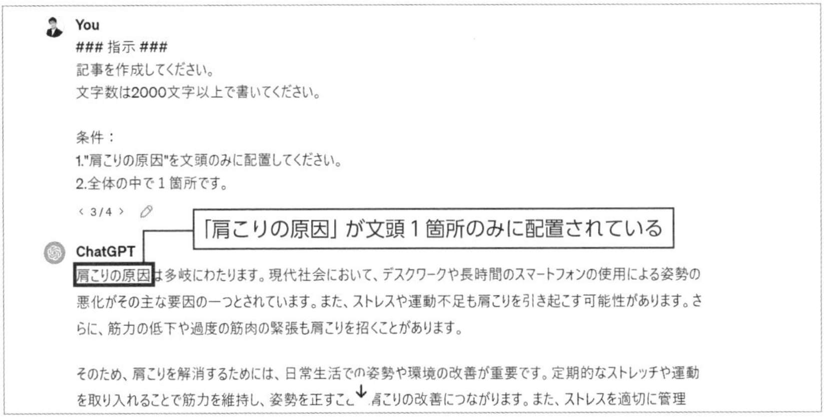

SEOでは、文章の自然な流れを維持することが基本とされています。そのため、文章の流れを損なわないようにしつつ、可能な限りキーワードを文の先頭付近に配置することを心がけましょう。

最後に、条件2.の中に「全体の中で１箇所です。」を加えるのは、2024年4月時点の検証において、続きを書いてもらった生成結果において、条件2.を加えた方が生成結果の精度がよかったからです（※文頭の意味とは矛盾しますが、これも盲目の窓だと考えます）。

3.6 近接度を意識する

この節の内容

- 近接度とは？
- キーワードの間隔を調整する
- 近接度のプロンプトについて

●キーワード近接度について

ここでは、文章内でのキーワード配置の適切な方法について詳しく説明します。まず、基本的な概念をおさらいしましょう。例えば、「福岡　SEO対策」というフレーズをターゲットにする場合、「SEO対策」と「福岡」という2つのキーワードを文脈にも留意しながら、なるべく近づけた方がより効果的です。これに基づいて、不適切な例と適切な例を以下に示します（Geminiで検証したところ、文字配置の生成は難しいようです）。

悪い例

```
<p>福岡でのホームページ制作やSEO対策・・・・・・・・・・</p>
```

良い例

```
<p>福岡でのSEO対策・・・・・・・・・・</p>
```

狙ったキーワードを意識し、言葉を可能な限り近づける戦略は、SEOにおいて効果的であることが良い例からも明らかです。

コンテンツ全体においても、この原則は同様に適用されます。キーワード間の距離や位置関係を考慮することは、「キーワード近接度」という指標を用いて分析できます。この指標は、ページ内でのキーワードの配置を最適化する上で重要な役割を果たします。

要するに、複合キーワードを標的とした場合、そのキーワードが文書内で互いに近接しているほど、関連性が強いとみなされ、SEOの評価においてプラスの影響を及ぼします。例えば、「キーワードA　キーワードB」という組み合わせ（AとBの複合キーワード）で上位にランクされることを目指す場合、文中でキーワードを密接に配置することが推奨されます。以下の例をご覧ください。

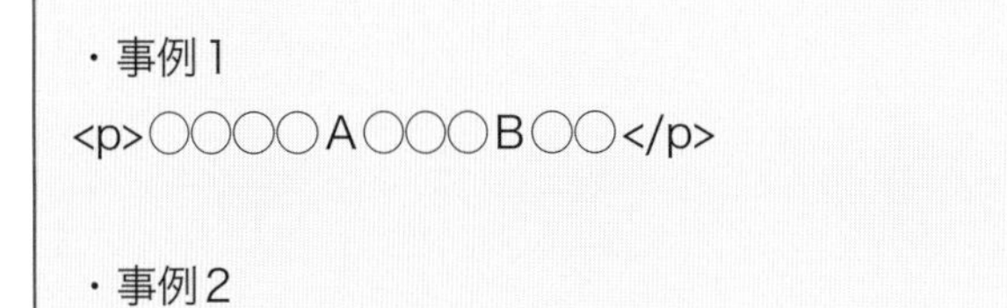

・事例1
<p>○○○○A○○○B○○</p>

・事例2
<p>○○○○A○B○○○○</p>

事例2のようにした方が、キーワードAとキーワードBが近いため有利です。

文章内でキーワードを互いに近づけることにより、キーワードの近接度を高めることにつながります。なお、ここでいうpタグは、Webサイト内のテキストを段落に分けるために使用されるHTMLタグです。

Googleの検索アルゴリズムが進化し、一部ではキーワードの近接度がそれほど重要ではないとの見解も存在しますが、筆者の検証と実験によると、titleタグやdescriptionなどのmetaタグ（検索結果に表示される情報）およびWebサイトのコンテンツ全体にわたって、キーワードの近接度は今もなおSEOランキングに大きな影響を与える要素であると結論付けています。

つまり、これはSEOの評価基準のひとつとして見過ごすことができない指標です。

●近接度を組み入れたプロンプトについて

次に、近接度を組み入れたプロンプトを紹介します。ただ単に『"肩こり"と"原因"と"枕"のキーワード間の距離をなるべく近く』と指示しただけの場合の生成結果は、図3-6-1のとおりです。

▼図3-6-1 曖昧な指示の生成結果

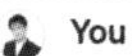

You
指示
記事を書いてください。

条件："肩こり"と"原因"と"枕"について、テキスト内でのキーワード間の距離をなるべく近くに記述してください。

‹ 3/3 ›

ChatGPT
肩こりの原因と適切な枕の選び方

肩こりは現代社会において多くの人々が直面する問題の一つである。その原因の一つは、長時間のデスクワークやスマートフォンの使用による姿勢の悪化である。特に、首や肩の筋肉が過度に緊張してしまうことが肩こりを引き起こす主な要因となる。

また、枕の選び方も肩こりと密接な関係がある。適切な枕を選ばない場合、首の位置が適切でなくなり、結果として肩こりを引き起こすことがある。枕の高さや硬さは個人によって異なるため、自分に合った枕を選ぶことが重要である。眠りの質を向上させるためには、肩と首の ↓ な曲線をサポートする枕が最適である。

やはり、指示どおりに生成してくれませんでした。

そこで、AIの身になって、次のように指示を加えました。

- より具体的指示→1箇所以上、キーワード間の数を5文字以内に・・・
- 事例を示す→例：肩こりの原因に枕が・・・
- 事例の説明をする→例の説明："の"と"に"が間にあります。

そうすることで、思ったとおり（指示したとおり）の生成結果となりました。

▼図3-6-2　より具体的で事例とその説明を追加したプロンプト

You

指示
記事を作成してください。
1000文字以上で書いてください。

条件：テキスト内の"肩こり"と"原因"と"枕"というキーワードついて、1か所以上、キーワード間の数を5文字以内に記述してください。

例：肩こりの原因に枕が・・・

例の説明："の"と"に"が間にあります。

‹ 9/9 ›

ChatGPT

肩こりの原因と枕の関係について

肩こりは、現代社会において多くの人々が直面す…健康上の問題の一つである。その原因は様々であり、日常的な姿勢や運動不足、ストレスなどが挙げられる。しかし、睡眠時に使用する枕も肩こりの原因となることがあ

▼図3-6-3　プロンプトの生成結果　**注意：Geminiの場合は5.2参照**

ChatGPT

肩こりの原因と枕の関係について

肩こりは、現代社会において多くの人々が直面する健康上の問題の一つである。その原因は様々であり、日常的な姿勢や運動不足、ストレスなどが挙げられる。しかし、睡眠時に使用する枕も肩こりの原因となることがある。

枕は睡眠中に頭と首を支える役割を果たすが、その選び方や配置によって肩こりが引き起こされることがある。例えば、枕の高さが適切でない場合、首や肩の位置が不自然になり、長時間同じ姿勢を保つことで筋肉が緊張しやすくなる。また、枕の硬さや柔らかさも重要である。過度に硬い枕は首に圧力をかけ、血流を阻害して肩こりを引き起こす恐れがある。逆に柔らかすぎる枕は首を支えきれず、同様の問題を引き起こす可能性がある。

さらに、枕の形状も肩こりに影響を与える。一般的に、首の自然なカーブに合った形状の枕が推奨されるが、個々の体型や寝姿勢によって最適な形状は異なる。そのため、自分に合った枕を選ぶことが肩こりの予防や軽減につながる。

肩こりの原因と枕の関係は密接であり、適切な…選択や配置が肩こりの改善につながることが示唆されている。日常生活において、姿勢やストレッチ、適度な運動だけでなく、睡眠環境の改善も肩こり対策の重要な要

指示したとおりの記述

ただし、ページ内部において、メインで狙っているキーワードが「肩こり　原因　枕」の場合は、3.5で前述したキーワード突出度の施策をプロンプトに組み入れるとさらによくなります。

▼図3-6-4　近接度＋キーワード突出度を組み入れたプロンプト

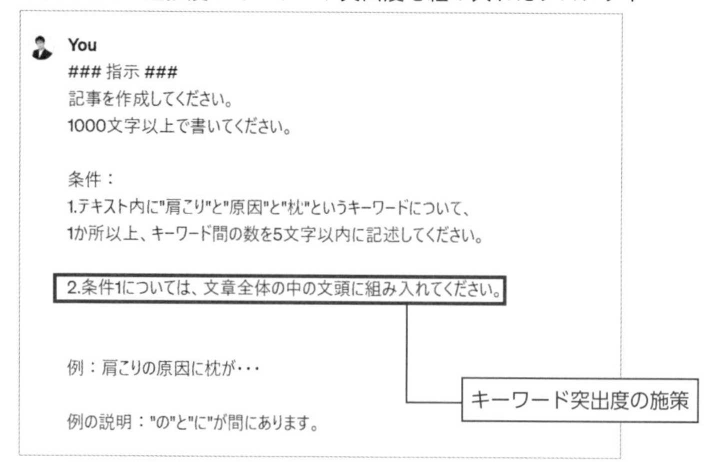

プロンプトの「条件：」の内部に、「2.条件1については、文章全体の中の文頭に組み入れてください。」を組み入れると、生成結果は次のようになりました。

▼図3-6-5 生成結果 注意：Geminiの場合は5.2参照

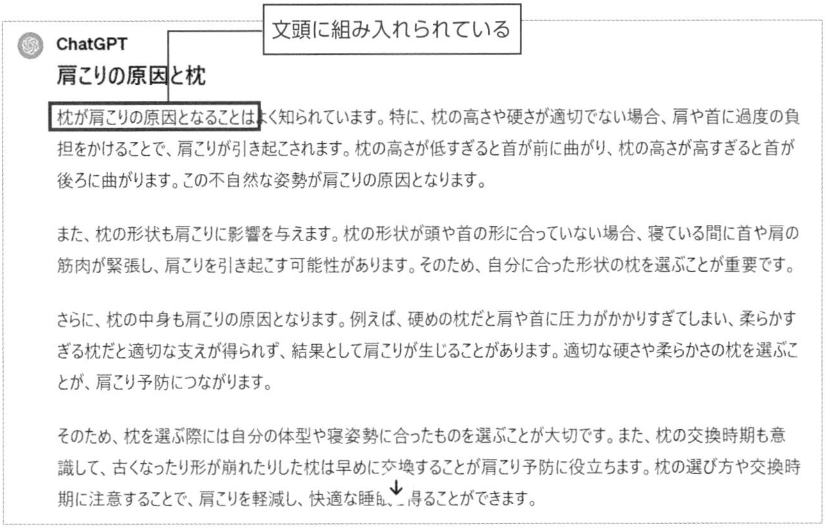

文頭に組み入れられている

ChatGPT

肩こりの原因と枕

枕が肩こりの原因となることはよく知られています。特に、枕の高さや硬さが適切でない場合、肩や首に過度の負担をかけることで、肩こりが引き起こされます。枕の高さが低すぎると首が前に曲がり、枕の高さが高すぎると首が後ろに曲がります。この不自然な姿勢が肩こりの原因となります。

また、枕の形状も肩こりに影響を与えます。枕の形状が頭や首の形に合っていない場合、寝ている間に首や肩の筋肉が緊張し、肩こりを引き起こす可能性があります。そのため、自分に合った形状の枕を選ぶことが重要です。

さらに、枕の中身も肩こりの原因となります。例えば、硬めの枕だと肩や首に圧力がかかりすぎてしまい、柔らかすぎる枕だと適切な支えが得られず、結果として肩こりが生じることがあります。適切な硬さや柔らかさの枕を選ぶことが、肩こり予防につながります。

そのため、枕を選ぶ際には自分の体型や寝姿勢に合ったものを選ぶことが大切です。また、枕の交換時期も意識して、古くなったり形が崩れたりした枕は早めに交換することが肩こり予防に役立ちます。枕の選び方や交換時期に注意することで、肩こりを軽減し、快適な睡眠を得ることができます。

文章全体の冒頭に「枕が肩こりの原因となることは・・・」が入っています。

ただ、メインではないが、1ページ内部に複数のキーワードを狙うという場合は、キーワード突出度は組み入れずに、近接度のみを行うとよいです。

以上のように、プロンプトを工夫して調整していきましょう。

3.7 箇条書きの最適な使用方法について

この節の内容

- 箇条書きのメリットとは？
- 箇条書きリストのポイント・注意点とは？
- 箇条書きのプロンプトについて

●箇条書きのメリットについて

箇条書きは、情報を探しているユーザーにとって、以下のような利点があります。

- **情報の視認性が向上する**

  ユーザーが求める情報へ迅速にアクセスできるよう、重要なポイントを明確に提示する

- **情報の整理・理解が容易になる**

  重要な情報が点で分けられているため、内容の把握と記憶に役立つ

さらに、検索エンジン最適化においても、箇条書きは非常に有効です。検索エンジンのクローラー（ロボット）は、箇条書きを利用している部分に重要なキーワードが含まれていると認識しやすく、これによりコンテンツの構造を理解しやすくなります。このため、通常のテキストよりも、箇条書きに記載された情報を高く評価する傾向にあります。

箇条書きはユーザーが情報を探しやすくするだけでなく、SEOの観点からもコンテンツの価値を高めるために積極的に利用すべきです。

●箇条書きリストのポイント・注意点

箇条書きのポイント・注意点について、例を交えて説明します。

箇条書きの記述について

非推奨：「ドアに鍵がかかっていることを確かめておくべきです。」
推奨：「ドア施錠の確認」

この例では、「文章として書く」よりも「箇条書きで短くまとめる」ことを強調しています。不要な句点「。」を削除し、簡潔かつ明確な表現を心がけることが改善ポイントです。

この書き方を「終止法」といいます。

終止法には「である調」と名詞や体言で終わる文も含まれます。「である調」や名詞で終わる表現は、特に文語体やフォーマルな文書、学術的な文章などでよく見られます。

である調

使用例：「これは本である。」「彼は学生である。」
特徴：事実を述べるときや、説明が明確な必要がある文書（例えば、レポートや論文）で使われる。

名詞で終わる文

使用例：「今日の天気は晴天。」「彼の職業は教師。」
特徴：文末が名詞や体言で終わる表現も、フォーマルな文脈や書き言葉で使われることが多く、情報を簡潔に伝える効果がある。

これらの終止法は、文の内容や意図に応じて使い分けられ、文章の雰囲気や読み手に与える印象を大きく左右します。ですから、「である調」や名詞で終わる文を上手く使うことで、より正確で、明確な表現が可能になります。

箇条書きの表記について

「簡潔に書く」という指針のもと、箇条書きを使った情報の提示は、情報を迅速に伝える上で非常に有効です。明確な指示や情報の核心を押さえ、余計な語句は省き、表記を一貫させることが重要です。

悪い例

```
<li>太宰府天満宮（福岡県）</li>
<li>熊本の熊本城</li>
<li>鹿児島県にある桜島</li>
```

良い例

```
<li>太宰府天満宮（福岡県）</li>
<li>熊本城（熊本県）</li>
<li>桜島（鹿児島県）</li>
```

●箇条書き形式のポイント

見出しとリード文の直下に箇条書きを配置するテクニックは、Webコンテンツの可読性を高め、SEOにも効果的です。

この方法を取り入れることで、訪問者に対して内容をすぐに理解してもらい、検索エンジンにコンテンツの構造を明確に示すことができます。以下に、その詳細と実際の事例を交えて説明します。

見出し+リード文の直下に箇条書きを配置する理由は次のとおりです。

理由❶：スキャンしやすいコンテンツの作成

インターネットユーザーは、情報を素早く探し、大量のテキストの中から関心のある部分だけを読みたいと考えています。見出しの項目を見つけ出し、そのリード文を参照にしながら、重要項目としての箇条書きは目を引き、情報を素早く伝える効果的な手段です。

理由❷：情報の階層構造の明示

見出しとリード文の後に箇条書きを配置することで、そのセクションの主要なポイントの概要を簡潔に示すことができます。これにより、コンテンツの構造が明確になります。

理由❸：SEO効果の向上

検索エンジンは構造化されたコンテンツを好みます。注視させた見出しの説明文（リード文）後の箇条書きはコンテンツの構造化に貢献し、特定のキーワードやフレーズに対する重要性を示すことができるため、SEOに有利です。

実際の事例

見出し：「健康的な朝食の重要性」
リード文：健康的な朝食は一日の始まりに必要なエネルギーを提供し、様々な健康上の利点があります。
箇条書き：
・エネルギーレベルの向上
・集中力の向上
・体重管理の助け
・製品紹介ページ：

見出し：「次世代スマートウォッチの特徴」
リード文：私たちの次世代スマートウォッチは、デザインと機能性を兼ね備え、あなたの日常生活をより豊かにします。
箇条書き：
・24時間体制の健康管理
・スマートフォンとのシームレスな連携
・カスタマイズ可能な文字盤

見出しとリード文の直下に箇条書きを配置する方法は、読者にとっても検索エンジンにとってもメリットが大きいテクニックです。コンテンツの可読性とSEOの両方を強化したい場合には、この構造を積極的に取り入れていくとよいでしょう。

●箇条書きのプロンプト

プロンプトの事例

```
### 指示 ###
記事を作成してください。
1000文字以上で書いてください。

条件：
1.見出しを適時組み入れてください。
2.見出しの直下に必ずリード文を加えてください。
3.リード文の下に箇条書きのリストを組み入れてください。
4.箇条書きは終止法にして、句読点は不用です。

テーマ：肩こりの原因と枕について

例：
肩こりの原因
肩こりの原因とは・・・です。
・過度な運動や重い荷物の持ち運びにより、肩の筋肉が疲れやすくなる
・同上
・同上
```

このプロンプトに対しての生成結果が図3-7-1です。ちなみに、「条件」の中に、箇条書きに関わる指示を与えていますが、精度を高めるためには、「例」も組み入れると、より確度を増していきます。

▼図3-7-1　生成結果　**注意：Geminiの場合は5.2参照**

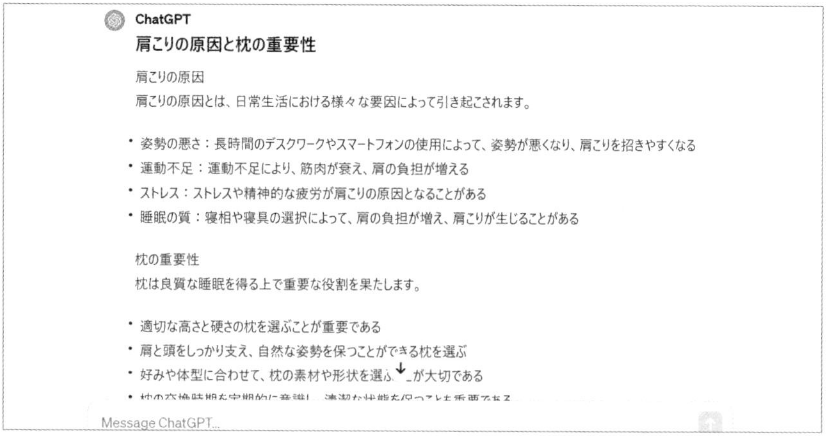

ChatGPT

肩こりの原因と枕の重要性

肩こりの原因

肩こりの原因とは、日常生活における様々な要因によって引き起こされます。

- 姿勢の悪さ：長時間のデスクワークやスマートフォンの使用によって、姿勢が悪くなり、肩こりを招きやすくなる
- 運動不足：運動不足により、筋肉が衰え、肩の負担が増える
- ストレス：ストレスや精神的な疲労が肩こりの原因となることがある
- 睡眠の質：寝相や寝具の選択によって、肩の負担が増え、肩こりが生じることがある

枕の重要性

枕は良質な睡眠を得る上で重要な役割を果たします。

- 適切な高さと硬さの枕を選ぶことが重要である
- 肩と頭をしっかり支え、自然な姿勢を保つことができる枕を選ぶ
- 好みや体型に合わせて、枕の素材や形状を選ぶことが大切である

Message ChatGPT...

きちんと指示どおりに生成してくれています（Geminiで検証したところ、指示をしなくても、元々生成結果に入ることが多いようです）。

以上、箇条書きのポイント・注意点とそのプロンプトについて解説しました。箇条書きが入っているページは構造的に評価されやすいです。上位表示を狙っているページについては、最低1箇所以上、組み入れるようにしましょう。

3.8 アンカーテキストについて

この節の内容

- アンカーテキストには上位表示させたいキーワードを含める
- アンカーテキストには、同義語も響く
- アンカーテキストと飛んだ先のコンテンツを一致させる

●アンカーテキストについて

アンカーテキストの最適な使用方法についてご紹介します。

アンカーテキストは、ハイパーリンクを構築する際に使用されるテキストであり、リンク先の内容を示すキーワードやフレーズを含みます。

以下の形式で使用されます。

```
<a href="リンク先のURL">アンカーテキスト</a>
```

効果的なアンカーテキストの記述は、SEOの観点から見ても非常に重要です。そのため、以下2点の主要な指針に従うことが推奨されます。

❶狙ったキーワードを含める（検索されやすい言葉のGoogleサジェスト含む）

❷上記キーワードの同義語を含める

❶と❷を比較すると、❶の方が効果的です。

つまり、「SEO　業者」で上位表示させたければ、次のように書くのがベストです（○○は業者名などです）。

<a href="リンク先のURL">SEO業者の○○</a>

このように、検索需要のある言葉（Googleサジェスト）に基づいて、2語や3語キーワードでアンカーテキストを作ることをおすすめします。

次に効果を得られるのが、❷同義語を含めるという手法です。「SEO業者」で上位表示を狙う場合、相手先へ飛ばすテキストリンクは、「SEO」と「業者」の同義語を含めると響きやすくなります。図3-8-1のように、AIに同義語を提示してもらいます。

▼図3-8-1　同義語を提示してもらうプロンプト例

You
"SEO"と"業者"という言葉に関して、同義語をできるだけ提示してください。

‹ 2/2 ›

ChatGPT
「SEO」と「業者」に関連する同義語をいくつか挙げます：

1. SEO：検索エンジン最適化、検索エンジン対策、検索ランキング最適化、ウェブサイト最適化、ウェブサイト検索最適化
2. 業者：企業、会社、事業者、ビジネス、サービスプロバイダ、提供業者、販売業者

1と2を任意で組み合わせて、「ウェブサイト最適化企業」を含めたアンカーテキストも有効です（※あくまで一例ですので、文脈や実際上との比較にも考慮が必要です）。

<a href="リンク先のURL">ウェブサイト最適化企業の○○</a>

さらに、ユーザーとロボットの観点から、文章の前後関係が意味的に一

貫性を持つようにしながら、関連性のあるキーワードを使用することで、アンカーテキストの効果を最大限に引き出すことができます。

●リンク先との一致

リンク先との一致性が重要です。アンカーテキストに重要なキーワードを含めても、ユーザーがリンクをクリックした先の内容が期待と一致していない場合、検索エンジンの評価を受けることはできません。そのため、次の点に注意することが重要です。

飛んだ先のページに関しての留意点

- titleにアンカーテキストの言葉を含める
- descriptionにアンカーテキストの言葉を含める
- 本文中にアンカーテキストの言葉を含める

アンカーテキストとコンテンツの内容が一致することは基本的な要件です。ユーザーの視点からも、リンクをクリックした結果、がっかりさせないようにリンク先の内容に沿った適切な情報を提供しましょう。

検索エンジンのロボットはページ間の関連性を評価しています。

自分では主題に沿って適切に文章を書いているつもりでも、ロボットがその内容を正しく理解できなければ、適切な評価を得ることはできません。

コンテンツが中心の現在においても、何についての内容であるかを明確にするためには、テキストリンクなど、重要なタグ内でキーワードを使用し、内容の意図を示すことが必要です。

アンカーテキストに関連するキーワードを含め、ページの内容とリンクの関連性を強調することが重要です。

第4章

AIを組み入れたコンテンツSEO発展

全体にSEO要素を組み入れる

4.1 見出しタグにおける効果的な記述方法

この節の内容

- 見出しを作成し、文章構造を理解しやすく
- GPT3.5と4の違いを組み入れたプロンプトとは
- 3.5に慣れてプロンプト力を鍛えることも重要

●見出しタグの適切な活用で、SEO効果を最大化する

Webサイトにおける見出しタグの効果的な使用は、単にタグ内のテキストに関するライティングスキルにとどまらず、その配置と組み合わせ方によって、SEOにおける成果が大きく変わります。

最も重要な大見出しであるh1タグの適切な使用に加えて、h2からh6までの見出しタグについても、ページの内容の構造化と整理において不可欠な役割を担っています。これらのタグをどのセクションに、どのように配置するかは、WebサイトのSEOにおけるパフォーマンス向上に欠かせない要素です。

SEOにおける見出しタグの重要性は、タグ名の後ろにある数字が小さいほど高まります。つまり、h1が最も影響力があり、h6に向かうにつれてその効果は減少します。適切な階層構造と戦略的な見出しタグの使用は、検索エンジンによるより良いWebサイトの解釈を促進し、結果として検索順位の向上に直結します。

- 期待されるSEO効果：

h1>h2>h3>h4>h5>h6

見出しタグ（hx）を用いる際の階層構造の正確な設定は、検索エンジンがWebサイトの内容をより深く理解することに直結します。これにより、SEOの効果を最大化することができるようになります。一方で、見出しタグの設定方法が不適切だと、検索エンジンからの評価が低下するリスクがあります。

h1からh6までの見出しタグをすべて使用する必要はありません。効果的なウェブページ構造では、h3やh4レベルの見出しまで使用し、さらに詳細な情報を提供する必要がある場合は、新しいページを作成してそこからh1タグを再度使用することが望ましいです。この手法により、内容が適切に構造化され、ユーザーと検索エンジンの双方にとって理解しやすいサイトを実現できます。

●ユーザーのためにも効果的な階層構造を設計する

SEOの観点から階層構造の重要性を強調してきましたが、実際にはユーザー体験にも大きく貢献します。ユーザーがWebページを訪れる際、彼らが求めている情報を即座に見つけ出すことは極めて重要です。これを「ディスティネーションファースト」と言います。

特に、スマートフォンなどの小さな画面を使用するモバイルユーザーが増えている現在、限られたスペースの中で最も重要な情報をいかにして提示するかが鍵となります。画面が狭いため、ユーザーが最も必要とする情報に素早くアクセスできるようにすることが、より重要視されています。

派手でどこに何が書いてあるか分からないようなWebデザインよりも、ユーザーが求める情報に直接、迅速にたどり着けるような構造を整えることが重要です。情報を簡単に拾い読みできるような構造は、ユーザーが欲する情報へのアクセスを劇的に改善します。このように階層構造を適切に設定することは、ユーザーの利便性を高めるだけでなく、SEOへのプラス効果も期待できるのです。

次に、具体的な階層構造の設計方法について説明していきます。

●h2は、h1キーワードを掘り下げる

例えば、「九州」で上位表示を狙う場合、キーワードを細分化すると、「福岡」や「佐賀」などに分けることができます。

◆HTMLのソースコード例

```
<h1>九州の・・・・・・・</h1>
<p>・・・・・・・・・・・・・</p>
<h2>福岡の・・・・・・・</h2>
<p>・・・・・・・・・・・・・</p>
```

▼図4-1-1 九州を例にしたh1とh2の関係図（包含関係）

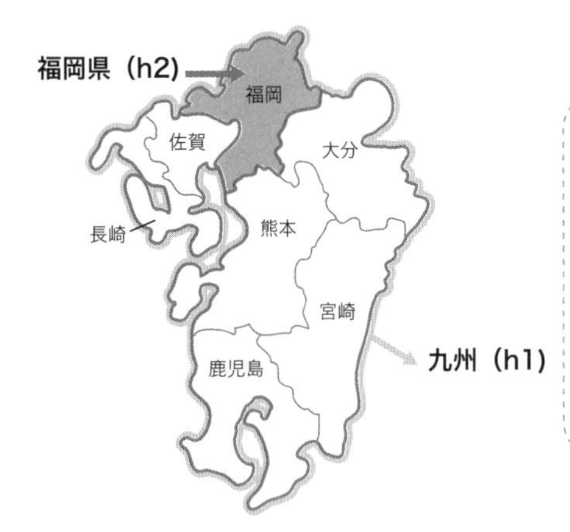

見出しタグ（h1やh2など）は、地理的な関係で表現することができます。例えば、「福岡県」は九州地方の中に含まれています。逆に、福岡県の中に、九州地方を含めることはできません。同様に、鹿児島県や熊本県なども h2 に該当します。このように、h1 とh2は、h1 が h2 を含む関係性で成り立っています。

この考えは、階層的に構造を細分化する際にも効果的です。

例えば、「肩こり」という広範なテーマでコンテンツを構成した場合、その中でさらに細かく情報を分類していきます。h1タグで「肩こり」を大きなカテゴリーとして設定した後、h2タグでは「肩こり　改善」のように、より具体的なサブテーマに焦点を当てることで、内容をさらに細かく区切っていく方法です。

そのプロンプトは次のとおりです。

見出しh2とh3を作成してください。
"肩こり"と"改善"というキーワードを用いてHPコンテンツを作成します。

まずは、GPT 4で試してみます。

▼図4-1-2 GPT4の結果

You
見出しh2とh3を作成してください。
"肩こり"と"改善"というキーワードを用いてHPコンテンツを作成します。

ChatGPT
以下は、"肩こり"と"改善"のキーワードを用いたホームページコンテンツの見出しh2とh3の例です。このコンテンツは、読者が肩こりの問題を理解し、それを改善する方法を学べるように設計されています。

h2見出し: 肩こりの原因とは？

h3見出し: 日常生活での姿勢の影響

日常生活における不適切な姿勢が、肩こりの主要な原因の一つであることを説明します。長時間のデスクワークやスマートフォンの使用がどのようにして肩こりを引き起こすのかを解説します。

h3見出し: ストレスと肩こりの関係

ストレスが肩こりにどのような影響を与えるのかを詳しく説明します。心理的なストレスが肩の筋肉に緊張をもたら

上の図のように、思ったとおりの結果となりました。

一方、GPT 3.5の場合は次のような結果となりました。

▼図4-1-3 GPT3.5の結果 注意：Geminiの場合は5.2参照

You
見出しh2とh3を作成してください。
"肩こり"と"改善"というキーワードを用いてHPコンテンツを作成します。
‹ 1 / 3 ›

ChatGPT
肩こりの原因と症状

肩こりは現代社会で多くの人が経験する一般的な問題です。長時間のデスクワークや悪い姿勢、ストレスなどが主な原因とされています。肩こりにはさまざまな症状が伴います。首や肩のこわばり、痛み、頭痛、そして時には手や腕にまで症状が及ぶこともあります。

肩こりの主な原因

肩こりの主な原因は以下のような要因によって引き起こされます：

- 長時間のデスクワークや同じ姿勢の維持
- 身体的な負担や運動不足

見出しh2とh3がどの部分なのかが、何となく伝わるという程度で、明確にh2とh3を示してくれませんでした（Geminiでは簡易的プロンプトの時点から、生成結果は精度が低いようです。やたらと箇条書きが生成されます）。

ちなみに、図4-1-2、図4-1-3ともに、スクリーンショット内部には、「改善」というキーワードは見当たりませんが、誌面の関係で省略しており、実際には存在しています。

次に、図4-1-4のようにプロンプト内に「例」を加えて、回答を行ってもらいました。

```
例：h2:肩こりの症状とは？
    h3:首も同時に凝ってしまう？
    h3:背中にも違和感が・・・
```

▼図4-1-4　GPT3.5に「例」を与えた場合

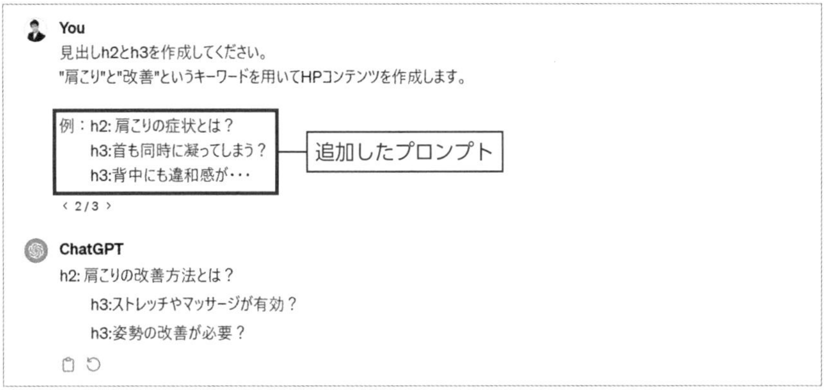

さらに、以下のようにもう少し具体的に書いてみると、図4-1-5のような結果となりました。

```
ただし、h2は3つ以上書いてください。
```

▼図4-1-5 GPT3.5で、より具体的に書いてみる

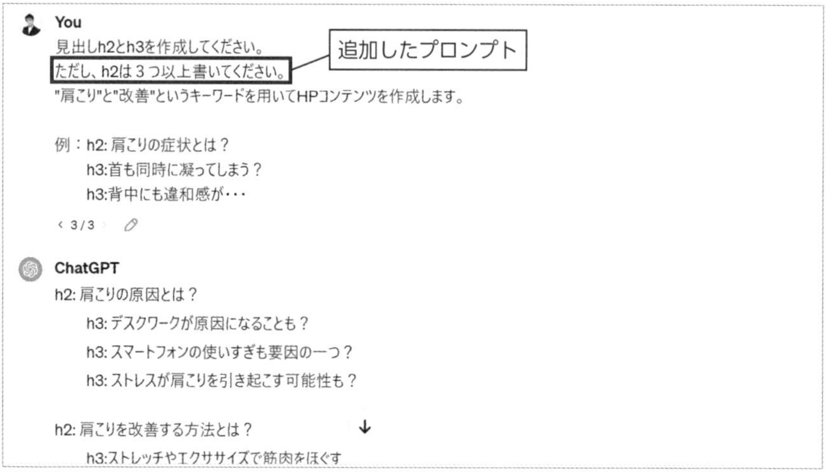

You
見出しh2とh3を作成してください。
ただし、h2は３つ以上書いてください。
"肩こり"と"改善"というキーワードを用いてHPコンテンツを作成します。

例：h2: 肩こりの症状とは？
h3:首も同時に凝ってしまう？
h3:背中にも違和感が・・・

追加したプロンプト

ChatGPT
h2: 肩こりの原因とは？
h3: デスクワークが原因になることも？
h3: スマートフォンの使いすぎも要因の一つ？
h3: ストレスが肩こりを引き起こす可能性も？

h2: 肩こりを改善する方法とは？
h3:ストレッチやエクササイズで筋肉をほぐす

h2は１ページ内に概ね2～３個以上は必要なので、ここまで指示するとよいでしょう。

このように、GPT4は先回りして回答してくれるところもありますが、3.5はこちらが具体的に指示をしないと動いてくれないようです。

最後に、h2の概要文やh３内の文章について、書いてもらう指示を行います。

また、生成文章を成型するという手法もあります。以下のようなプロンプトです。
一度作成した文章に対して、見出しタグを組み入れる方法です。

上記生成文章に、適時h2とh3を組み入れて改善してください。

▼図4-1-6　追加プロンプトとその生成結果

You
上記生成文章に、適時h2とh3を組み入れて改善してください。

ChatGPT
肩こりの原因と症状

肩こりは、現代社会において多くの人々が直面する健康問題の一つです。長時間のデスクワークやスマホの使用、悪い姿勢、ストレスなどが原因となり、肩の筋肉が緊張し、痛みや不快感を引き起こします。しかし、適切なケアや習慣の変更によって、肩こりを軽減し改善することが可能です。

肩こりの原因

肩こりの主な原因の一つは、長時間同じ姿勢を保つことです。デスクワークやスマホの使用などで、肩や背中の筋肉が長時間同じ負荷を受けることで、緊張が蓄積し、肩こりの症状が現れます。また、ストレスも肩こりの原因の

h2が太く大きな文字で、その他の見出しがh3になっています。

また、次のようなプロンプトも有効です。

上記生成文章を次の形式に手直ししてください。

形式：
title:
description:
h1:
p:
h2:
p:
h3:
p:

実は、ChatGPTには、空欄を埋めてくれるという性質があります。

▼図4-1-7 生成結果 Geminiも対応可

ChatGPT
title: 肩こり改善のための効果的な方法

description: 肩こりは現代社会でよく見られる健康問題です。この記事では、肩こりの原因や改善方法について詳しく解説します。

h1: 肩こりの原因と症状について

p: 肩こりは長時間のデスクワークやスマホの使用、悪い姿勢、ストレスなどが原因で生じることがあります。肩の筋肉が緊張し、痛みや不快感が現れます。肩こりの症状には、肩や首の筋肉の緊張や痛み、頭痛、腕のしびれなどがあります。

h2: 肩こり改善のための対策

p: 肩こりを改善するためには、まず姿勢の改善が重要です。正しい姿勢を保つことで、肩や背中の筋肉の負担を減らし、肩こりの症状を軽減することができます。ま　適切なストレッチやエクササイズを行うことで、筋肉の緊張を緩和し、血行を促進します。

このように形式指定をすると、とても便利です。

●ラッコキーワードに見出しを提案してもらう

前述のラッコキーワードを用いると、自動で見出しを作成してもらうことができます。

▼図4-1-8 ラッコキーワードで見出しが生成できる

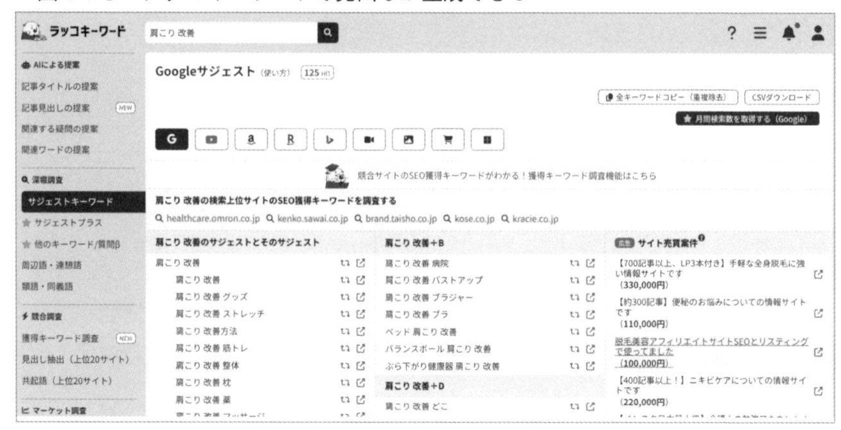

図4-1-9のように、左メニュー内の「見出し抽出（上位20サイト）」をクリックします。

▼図4-1-9 「見出し抽出（上位20サイト）」をクリック

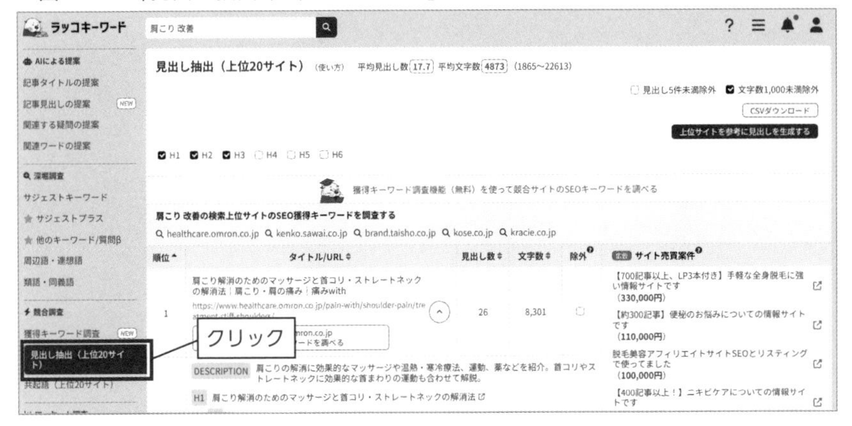

すると、図4-1-10の画面に遷移します。その後、記事タイトルの箇所に「肩こり　改善」というキーワードを入れて「見出し生成」のボタンをクリックします。

▼図4-1-10 キーワードを入れて生成

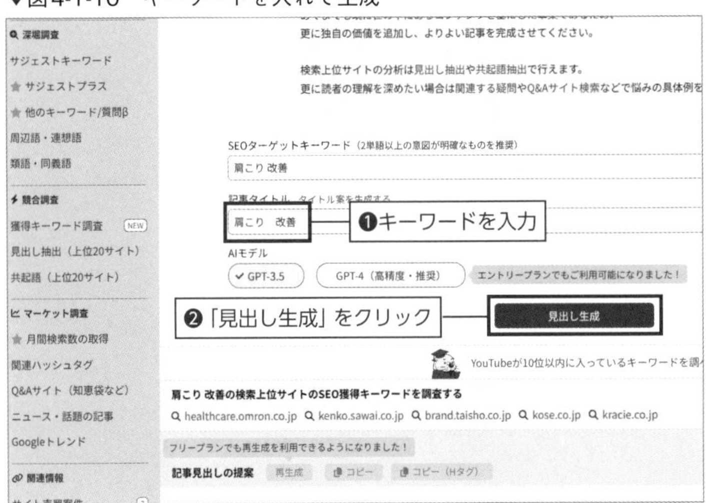

図4-1-11のように、見出しを生成してくれました。

▼図4-1-11　見出しが生成される

このように、見出しを生成するさまざまな手法がありますが、どの手法もおすすめです。

4.2 コンテンツに幅や奥行を持たせ、検索エンジンにPRする

この節の内容

- コンテンツ密度をさらに高める
- 自立語の中でも関係性のある言葉を使用する
- 関係性のある言葉とは？

●関係性のある言葉について

3.4で解説した自立語の中でも、特に検索エンジンへの影響が大きいのは共起関係にある言葉です。とはいえ、共起関係だけではなく、他の関係性のある言葉も重要です（同義語は3.8で説明済み）。

3.4で前述したように、Webページ内でキーワードと共に頻繁に使用される「共起関係にある言葉」は、関係性のある言葉の一例です。そして、以下に挙げる5種類の関係性を持つ言葉（共起関係を含むと合計6種類）についても、網羅することが望ましいです。具体的な例を挙げて説明していきます。

❶同義関係（同義語）…同じ意味で言い換えた言葉

例：本と書物

❷類義関係（類義語・類語）…意味が類似し、場合によっては代替できる言葉

例：繁栄と発展

❸包含関係（上位・下位・部位語）…キーワードや内容が含まれる言葉

例：動物と猿（※動物の中に猿が存在します）

❹対義関係（反義語、反意語、反対語）…意味が対照的、または反対の意を持つ言葉

例：繁栄と衰退、発展と衰退

❺合成関係（複合語、派生語）…2つをくっつけて構成している言葉

例：花束（＝花＋束）、花屋（＝花＋屋）

※ちなみに、「花束」は、「束」が単独で意味をなすことから複合語であるのに対し、「屋」は単独で意味がつかみにくいことから「花屋」は派生語となります。

これらの言葉を効果的に活用することで、テーマや文章中のキーフレーズをより深く掘り下げ、充実したコンテンツを作成することが可能です。このようにして、ユーザーの求める情報へのニーズを満たし、高い満足感を提供することができます。その結果、Googleなどの検索エンジンによる評価が向上し、検索結果の上位に表示される可能性が高まります。

●関係性のある言葉の位置関係

5種類の「関係性のある言葉」を、視覚的に表してみます。

共起関係以外の言葉は、キーワードAに対して明確に位置関係を示すことができます（図4-2-1参照）。

▼図4-2-1　関係性のある言葉のキーワードに対する位置関係

言葉A   　言葉B

①同義関係（ほぼ同心円）

②類義関係（縁の中心が少しずれる）

③包含関係（1）

または

(2)

④対義関係

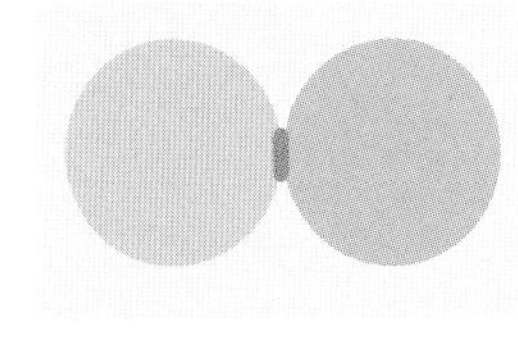

接点はあるが、
交わることはない！

⑤合成関係

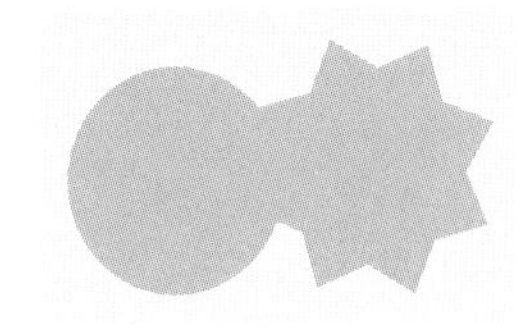

言葉Aに別の言葉がくっついて、
異なる言葉へと変化

①～⑤の関係性のある言葉は、意味の立ち位置（中心軸）や広さ（関わる範囲）を基準として、キーワードとの位置関係を視覚的に確認することができます。

●関係性のある言葉をChatGPTに抽出してもらう

ChatGPTに関係性のある言葉を抽出してもらうこともできます。

▼図4-2-2　関係性のある言葉を抽出してもらう Geminiでは対応不可

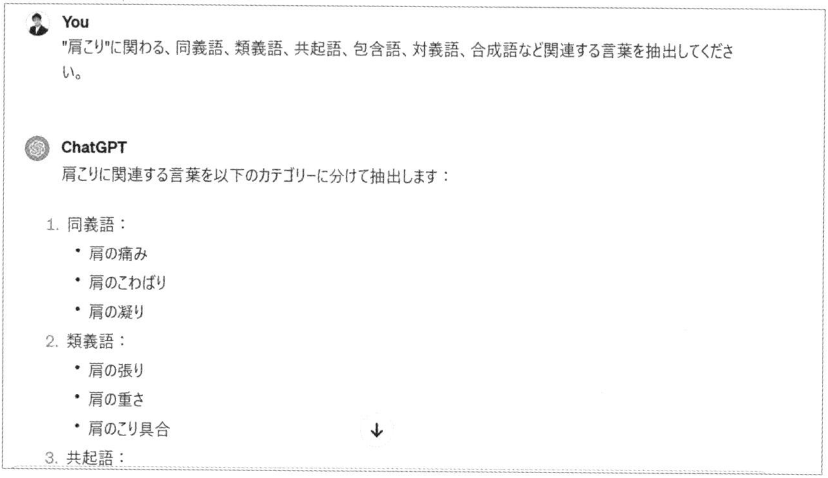

You
"肩こり"に関わる、同義語、類義語、共起語、包含語、対義語、合成語など関連する言葉を抽出してください。

ChatGPT
肩こりに関連する言葉を以下のカテゴリーに分けて抽出します：

1. 同義語：
   - 肩の痛み
   - 肩のこわばり
   - 肩の凝り
2. 類義語：
   - 肩の張り
   - 肩の重さ
   - 肩のこり具合
3. 共起語：

プロンプトとその回答は以下のとおりです。

"肩こり"に関わる、同義語、類義語、共起語、包含語、対義語、合成語など関連する言葉を抽出してください。

回答：(※複数の言葉を抽出していますが、省略しています)
肩こりに関連する言葉を以下のカテゴリーに分けて抽出します：

同義語：
肩の痛み

類義語：
肩の張り

共起語：
ストレス

包含語：
筋肉疲労

対義語：
肩の柔軟性

合成語：
肩こり解消

この言葉を組み入れて再度プロンプトで、「文章生成してください。」を行うと、さらに骨太のコンテンツを生成してくれます。

ちなみに、Geminiでは、同義語が「凝り」など、少し精度が落ちるようです（なお、5.2に補足説明は掲載していません）。

4.3 検索語句を意識する

この節の内容

- 検索語句を意識することで評価が高まる
- 文章中の言葉が検索にかかる
- 検索パターンを組み入れる

●文章中の言葉が検索にかかる

図4-3-1のように、「SEO対策　佐賀」と検索すると、「スニペット」といわれる概要文章の「SEO対策」部分がハイライトされています。

▼図4-3-1　検索結果に表示されるスニペット

この概要文章は、HPを開いた後のコンテンツ内部に書かれています。

▼図4-3-2 コンテンツ内部に書かれている

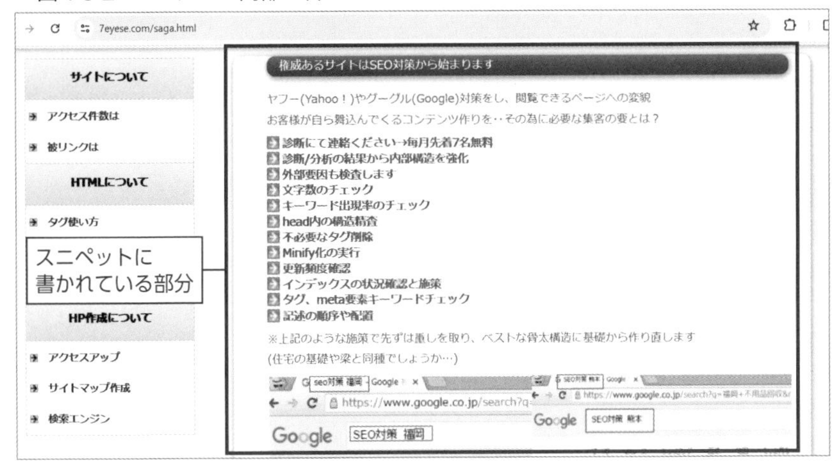

メインコンテンツエリアの見出しからその下の文章にかけて、スニペットとして抽出されています。

本来であれば、descriptionといわれる箇所が抽出されることが多いのですが、Googleの判断で最もふさわしい部分を選ぶため、このような結果となったようです。

●検索語句を意識する

文章を書く際には、実際にどのような検索でひっかかるのかを意識するようにしてください。そうすることで、思った以上に、さまざまな検索でかかるようになります。

例えば、次のような2つの文章があったとしましょう。

> ❶ 洗濯機を高額で買い取ってもらうためのポイントとは
>
> ❷ 洗濯機を高額で買取りしてもらうためのポイントとは

この文脈において、どちらの表現を選ぶべきかという問いに対しては、選択肢❷がより適切です。

検索パターンの観点から理由を説明します。選択肢❶と❷の主な違いは「買い取って」と「買取り」という表現にありますが、❷からのキーワード「洗濯機　高額　買取り　ポイント」を抽出すると、これらの言葉を含む検索結果が上位に表示されやすくなります。

このように、文章を構成する際は、検索される可能性のあるキーワードやフレーズを意識して、ユーザーがどのように情報を探し出すかという視点を取り入れることが重要です。

この考え方も、3.2で前述した「ジョハリの窓」が当てはまります。他人は知っているが自分は知らない領域に例えられるように、常に、検索者目線で文章を考えていきましょう。

●ChatGPTに依頼する

この検索語句を組み入れる文章生成も、ChatGPTに指示すれば簡単に作成できます。

▼図4-3-3 ChatGPTへの指示 Geminiでは対応不可

You

下記文章を検索語句を意識して修正してください。

ピザを持ってきてくれるお店の一覧です。

ChatGPT

ピザを配達してくれるお店の一覧です。

他の事例も示します（ちなみにGeminiでは、ピザのデリバリーサービスを提供しているお店を検索しました。ピザーラ 太宰府店、ビバパエリア太宰府店、ドミノ・ピザ下大利店と位置情報をもとに、実際のお店を提供する結果となりました）。

```
元の文章: "映画の上映時間を教えてくれるサイト"
修正後: "映画の上映時間を検索できるサイト"

元の文章: "旅行の予算を管理するツール"
修正後: "旅行費用を管理するツール"

元の文章: "最新の科学ニュースを見るWebサイト"
修正後: "最新の科学ニュースを掲載しているWebサイト"

元の文章: "健康的な食事のレシピを提供するブログ"
修正後: "健康的な食事のレシピを紹介するブログ"

元の文章: "最新のファッショントレンドを知るブログ"
修正後: "最新のファッショントレンドを紹介するブログ"
```

このように、検索者目線から記事を書いていくと、Googleに評価されるだけでなく、流入口も増えていきます。

4.4 プロンプトを自動化し記事を書く

この節の内容

- 連続指示を行う
- 指示が多い場合に自動化プロンプトを利用する
- 作業効率を意識したプロンプトについて

●自動化プロンプト（複数タスクプロンプト）の導入

デジタルコンテンツの制作において、特にSEO対策にかかる作業の効率化は重要なテーマです。ChatGPTを活用したプロンプト自動化は、この効率化を実現する鍵となり得ます。

プロンプト自動化とは、ChatGPTに対して一連の指示をあらかじめ設定し、自動的に複数のタスクを実行させる手法です。このアプローチにより、タイトルの作成から文章のまとめまで、連続した作業をスムーズに進めることができるようになります。

●自動化の流れ

具体的な自動化の流れは、プロンプトを次のように書いていきます。

```
[C1] (←タスク1)
[C2] (←タスク2)
Run[C1]→[C2]
```

これは、最初に「C1」のタスク（例として、肩こりの原因についての記事作成）を実行し、完成したら次に「C2」のタスク（例として、Instagramフィード投稿の手直し）へと移行するという意味です。

この一連の流れを自動化することで、時間を大幅に節約し、作業の連続性を保ちながら高品質なコンテンツを生み出すことができるようになります。

この自動化プロセスによって、コンテンツ制作の効率化だけでなく、SNSマーケティングの成果を最大化することや、今回のテーマであるコンテンツSEOの生成にもつながります。プロンプトの自動化を行うことは、デジタルマーケティングの分野では、非常に価値のあるスキルといえるでしょう。

●プロンプトの具体例

ここでは、プロンプト自動化を用いて、「肩こりの原因についての記事を書き、その後Instagramフィード用に3枚の投稿を手直しする」というタスクの自動化について説明します（※Cは異なるタスクやセクションを識別するためのラベルです）。

◆ [C1] 肩こりの原因について記事を書く

まず、肩こりの原因に関する詳細な記事をChatGPTに作成させる

◆ [C2] Instagramフィード投稿３枚を作成し、手直しする

記事作成の次に、その記事をベースにしたInstagramフィード用の投稿を３枚作成し、それらに適切な手直しを加える

プロンプト事例❶

[C1] 肩こりの原因について記事を書いてください。
[C2] Instagramフィード投稿3枚に手直ししてください。
Run[C1]→[C2]

すると、次のような生成結果となりました。

▼図4-4-1 生成結果A Geminiも対応可

You
[C1] 肩こりの原因について記事を書いてください。
[C2] Instagramフィード投稿3枚に手直ししてください。
Run[C1]→[C2]

ChatGPT
肩こりの原因について

肩こりは現代社会において非常に一般的な問題です。長時間のデスクワークやスマートフォンの使用、ストレスなどが原因で、多くの人が日常的に肩こりに悩まされています。以下では、肩こりの主な原因について詳しく説明します。

1. 姿勢の悪さ

長時間の座位やスマートフォンの使用によって、姿勢が悪くなります。特に前かがみの姿勢や首を前に突き出すような姿勢は、肩や首の筋肉に負担をかけ、肩こりの原因となります。

2. 筋肉の緊張

▼図4-4-2 生成結果B Geminiも対応可

減が可能です。

Instagramフィード投稿3枚に手直し

1. 画像1:

- キャプション:"長時間のデスクワークやスマートフォンの使用は、肩こりの主な原因の一つです。姿勢を正しいものに整え、休憩を取ることを忘れずに。#肩こり #姿勢改善"

2. 画像2:

- キャプション:"ストレスや疲れは肩や首の筋肉を緊張させ、肩こりを引き起こす要因の一つです。リラックスするための習慣を取り入れましょう。#ストレス #リラックス"

↓

3. 画像3:

ちなみに、図4-4-2の画面では途中を省略していますが、図4-4-1の続きであり、タスク1の生成終了後、タスク2の生成が始まったことを示しています。

プロンプト事例❷

> [C1] 最新のテクノロジートレンドに関するブログ記事を書く
>
> [C2] 同記事を基に、関連するサブトピックで追加記事を3本書く
>
> [C3] 各記事に対してSEO最適化されたメタデータ（タイトル、説明、キーワード）を生成

```
Run[C1]→[C2]→[C3]
```

生成結果

ブログ記事: 最新のテクノロジートレンドについて
タイトル: 2024年のテクノロジートレンド：未来を形作る技術革新

説明: 2024年は、テクノロジーの世界にとって革新的な一年となることが予測されています。この記事では、最新のテクノロジートレンドに焦点を当て、未来を形作る技術革新について詳しく探求します。

キーワード: 2024年、テクノロジートレンド、技術革新、未来、人工知能、ブロックチェーン、ロボティクス、デジタルトランスフォーメーション

追加記事1: 人工知能の進化とビジネスへの影響
タイトル: 人工知能の進化：ビジネスへの新たな可能性

説明: 人工知能（AI）は、ビジネスの領域に革命をもたらしています。この記事では、最新のAI技術の進化とビジネスへの影響について解説し、未来のビジネス戦略における重要性について考察します。

キーワード: 人工知能、AI技術、ビジネス、革命、ビジネス戦略、進化、可能性

追加記事2: ブロックチェーンの新たな応用領域
タイトル: ブロックチェーン技術：新たな応用領域の探求

説明: ブロックチェーン技術は、金融業界だけでなく、さまざまな分野で革新的な応用が進んでいます。この記事では、ブロックチェーンの新たな応用領域に焦点を当て、その可能性と課題について探求します。

キーワード: ブロックチェーン、技術、応用領域、革新、可能性、課題、分野

追加記事3: デジタルトランスフォーメーションの進展と未来
タイトル: デジタルトランスフォーメーション：未来のビジネスをリードする革新

説明: デジタルトランスフォーメーションは、企業が競争力を維持し成長するための鍵となっています。この記事では、デジタルトランスフォーメーションの進展と未来のビジネスに与える影響について解説し、成功のポイントを探ります。

キーワード: デジタルトランスフォーメーション、ビジネス、競争力、成長、革新、影響、成功

このような結果となりました。さまざまなタスクを連続で指示する場合はおすすめの手法です。SEO記事についても、この手法を用いて時短で作成することができます（※2024年4月中旬からは、『続きを書いてください。』やChatGPTからの追加質問に答える場面も増えましたので、全自動よりは、半自動に近いプロンプトとなっています）。

ちなみに、次のことも留意点として紹介しておきます。

❶"→"の代わりに"->"の使用:

この記号は技術的な文脈やプログラミングのフローを示すのに適しているため、プロセスの技術的な側面を強調したい場合にはベター

❷実行を意味する「Run」は次の言葉に置き換え可能：

Execute(実行する)、Launch(開始する)、Start(始める)、Initiate(開始する)、Trigger(引き起こす)等々

```
Start[C1]->[C2]
```

その他、Runの前に">"を挿入する手法もありますが、その場合、コマンドラインインターフェース（CLI）でのプロンプトを象徴しています。

※CLIのプロンプトは、ユーザーがコマンドを入力するためのテキストベースのインターフェースを指し、プログラミング、システム管理、ソフトウェア開発、そしてより広い技術的な操作において一般的なものです。

そのため、記事執筆やコンテンツ作成の流れに関するタスクであることを踏まえると、紹介（掲載）しているプロンプトを推奨します。

この形式は、タスクの自然な流れや順序を明確に示しながらも、余計な装飾を避けて直接的で簡潔な指示を提供しています。

AIにとっても理解しやすく、目的のタスクを効果的に実行するための指示となるでしょう。
プロンプトの目的が、特定の操作やプロセスの流れを示すことである場合、視覚的なクリアさと直接的な表現が求められます。

最後に、ベストなプロンプトを選択するには、プロンプトが使用される文脈、目的、および対象、さらには、プロンプトの使用環境や受け手の背景を考慮する必要があります。

4.5 head要素の言葉がbody要素に含まれるように改善する

この節の内容

- titleやdescriptionをコンテンツ（開いた後のページ）と一致させる
- head要素とbody要素を一致させるプロンプトとは？
- 作業手順を考えて、body要素をブラッシュアップさせる

●head要素とbody要素の内容を一致させる

3.2で解説したhead要素に記述されるテキストは、図4-5-1のように、検索結果の一覧に表示される説明文（一部を除く）として機能します。

Webサイトを開くリンク部分（title）と、Webサイトの概要部分（description）が、主に検索結果に表示されます。

これにより、検索者がWebページを開く前に、その内容をある程度理解することができるようになります。

ですので、head要素内のテキストとWebページ本体（body要素）の内容を適切に一致させることが重要です。これにより、検索者の期待と実際のページ内容の間のギャップを減少させ、より良いユーザー体験を提供できます。

そして、この一致性は、人間のみならず、検索エンジンにも重要な指標となっています。

▼図4-5-1 検索結果の例

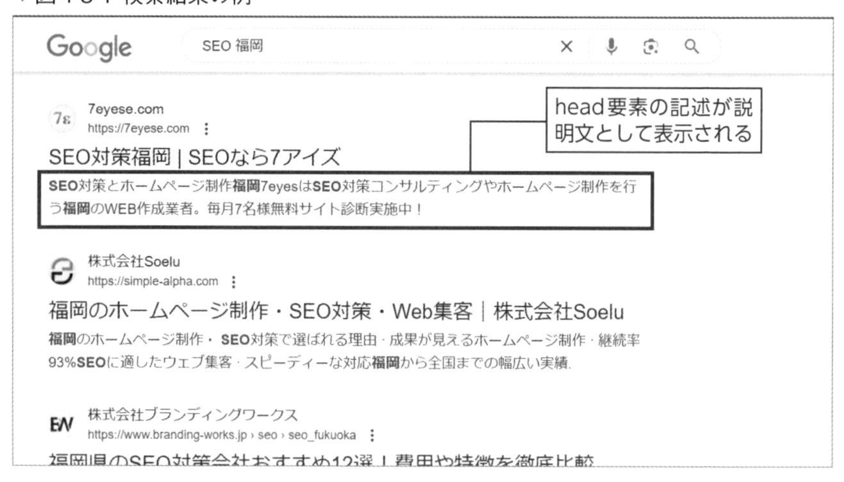

●Webサイトのtitleとdescriptionの重要性

3.2で前述したように、ユーザーがWebサイトの内容を判断する際、titleやdescriptionは非常に重要な役割を果たします。これらは、ユーザーがサイトを訪れる前に最初に目にする情報であり、サイトの内容を簡潔に伝える材料となります。

だからこそ、head内要素である、titleやdescriptionの文言を先に決定すべきです。

加えて、ページを開いた後のコンテンツと矛盾しないように調整すべきです。この一致性が、ユーザーの信頼を獲得し、期待に沿った体験を提供するために不可欠です。

> ❶ titleやdescriptionなどの重要要素を先に決定する
>
> ❷ ❶をもとに本文（ページを開いた後のbody内コンテンツ）を膨らませる

例えば、次のような例で考えてみましょう。

> title: "SEO対策熊本 | SEOならセブンアイズ"
>
> description: "熊本でのSEO対策ならセブンアイズにお任せください。隣接する地域でも対応可能です。無料でのサイト診断を実施中！"

この例で使用されているキーワードには、「SEO」、「対策」、「熊本」、「セブンアイズ」、「地域」、「情報」、「隣接」、「無料」、「サイト」、「診断」、「実施中」などがありますが、図4-5-2のようにAIを用いて抽出させると、作業効率が向上します。なぜなら、3.4で解説したように、自立語が検索結果に関わっているからです。

▼図4-5-2　自立語を抽出 Geminiも対応可

You
下記文章において、自立語を抽出して並べてください。

""""
福岡のマンスリーマンションはたっきールームへ

福岡でマンスリーマンションをお探しの方はたっきールームへ！中心街から徒歩圏内の駅近物件が多く室内環境も充実!お仕事や観光・旅行で是非！
""""

ChatGPT
福岡、マンスリーマンション、たっきールーム、方、中心街、徒歩圏内、駅近、物件、室内環境、充実、お仕事、観光、旅行

あらかじめ❶head（titleやdescription）内を決定させてから❷body内（HP内部）の文章を作成することで、「❶を包含している❷」という関係性になります。それにより、必ず❷内部に❶の言葉を含めることができるようになるのです。

自立語を抽出させた後に、その言葉をコンテンツ内部（body要素）に組み入れて作成していきます。プロンプトは次のとおりです。

```
### 指示 ###
記事を書いてください。

条件：組み入れる言葉を必ず使用してください。

記事のテーマ："福岡のマンスリーマンションはたっきールームへ"

組み入れる言葉：
"""福岡、マンスリーマンション、たっきールーム、方、中心街、徒歩圏内、駅近、物件、室内環境、充実、お仕事、観光、旅行"""
```

そして、その生成結果が、図4-5-3のようになります。

▼図4-5-3　生成結果 Geminiも対応可

ChatGPT

福岡の中心街で、たくさんの人々が快適な滞在を求めています。そんなニーズに応えるひとつの選択肢が、「福岡のマンスリーマンション」です。最近、福岡では、たっきールームを提供するマンスリーマンションが注目されています。

福岡のマンスリーマンションは、中心街に位置し、徒歩圏内に駅や観光スポットが点在しています。駅近なので、お仕事や観光に便利です。また、物件の内装は充実しており、快適な室内環境が整っています。

たっきールームとは、コンパクトながら機能的に使える部屋のことです。福岡のマンスリーマンションには、このたっきールームが用意されています。小さなスペースでも快適に過ごせるよう、工夫されたレイアウトや設備が整っています。

福岡のマンスリーマンションは、お仕事で訪れるビジネスマンや、観光で訪れる旅行者にとって理想的な宿泊施設です。魅力的な立地と充実した室内環境が、滞在をより快適なものにしてくれます。

この作業により、効率よくSEOに留意したコンテンツを作成することができるようになります。

4.6 文章構成の順序について

この節の内容

- 全体から詳細という流れで文章構成を作成する
- 全体を振り返るために、最後にまとめを書く
- PREP法を用いる

●全体から詳細へ向かう構成

考えられる流れとして、大枠から細部へと進む方法が合理的であり最適です。

❶キーワードを含めたページテーマを記述する
❷テーマの内容を深堀りする

具体的には、全体像を把握した後に、詳細に分けていく構成を提案します。このような構成は、人間やロボットがコンテンツの内容を瞬時に理解しやすくなります。

文章構成の一般的な形式に「起承転結」がありますが、この方法だと読者が文書の最後まで読まなければ結論を得られないため、Webサイトのコンテンツには不適切です。

- **「起」**…話の状態・前提など設定を説明
- **「承」**…話が展開する過程
- **「転」**…視点を変える、結論へ結び付けるための転化
- **「結」**…結論、結果

加えて、「Above the fold（画面の最初に見える範囲）」の概念もありますが、ユーザーがスクロールせずとも重要な情報をすぐに得られるようにするためのものです。

「起承転結」の書き方はこの概念に合っていません。

一方、Webページは主にスクロールして閲覧されるため、ページ全体を一望できず、全体のコンテキストを見失いがちです。

そこで、この問題を解決するために、ページの最後に簡潔な「まとめ」を追加することを推奨します。これにより、ユーザーはページ上部に戻ることなく、主要なテーマを再確認できます。

さらに、「まとめ」を配置する手法として、Webページの特性に加えて、プレゼンテーション技術である「PREP法」に基づく文章構成の原則に沿っているのが望ましいです。

- Point＝結論・要点
- Reason＝理由
- Example＝具体例
- Point＝再度結論・要点

この方法では、結論を先に提示してから、それを理由付けし、具体例で補強した後、再度結論へと戻ります。これは、情報を受け取る側が内容を記憶しやすくするための効果的な手法です。

Webページ構築においても、ロボット（検索エンジン）とユーザーの両方にとって、情報が頭に入りやすく、覚えやすい構造とすることが重要です。

「PREP法」に基づいた内容の展開によって、効果的なWebページを構築できます。

これらの考えをもとに、以下に提示する図4-6-1をご覧ください。この文章は起承転結の順番で文章が構成されています。

▼図4-6-1　起承転結の文章構成

ChatGPT

タイトル: 福岡中心街の快適な滞在を実現するマンスリーマンション「たっきールーム」

はじめに

福岡の中心街に位置する「たっきールーム」は、徒歩圏内にある駅近の物件で、マンスリーマンションを提供しています。福岡を訪れるお仕事や観光の方々に、充実した室内環境と快適な滞在をお約束します。

マンスリーマンションの管理

私たちのマンスリーマンション管理サービスは、福岡中心街に位置するため、便利な立地を活かして、物件の管理を徹底して行っています。清掃スタッフやメンテナンス担当者を常駐させ、室内環境を充実させることで、お客様に快適な滞在を提供します。また、24時間体制のサポートセンターを設け、ゲストからのお問い合わせや緊急の対応に迅速に対応します。

この文章に対して、次のようなプロンプトを書いていきます。

上記生成文章のタイトル以降について、PREP法にもとづいて、文章構成を改善してください。
PREP（プレップ）法とは、結論→理由→具体例→結論の流れで伝える方法です。

このプロンプトにより、図4-6-2のように、結論→理由→具体例→結論の構成に変更することができました。

▼図4-6-2　結論→理由→具体例→結論の構成となった生成結果 Geminiでは対応不可

You
上記生成文章のタイトル以降について、PREP法にもとづいて、文章構成を改善してください。
PREP（プレップ）法とは、結論→理由→具体例→結論の流れで伝える方法です。
‹ 4/5 ›

ChatGPT
結論: 福岡中心街に位置する「たっきールーム」は、徒歩圏内の駅近物件で、快適な滞在を実現します。

理由: マンスリーマンションの管理は、清掃スタッフやメンテナンス担当者を常駐させ、室内環境を充実させることで、お客様に快適な滞在を提供しています。また、24時間体制のサポートセンターを設け、ゲストからのお問い合わせや緊急の対応に迅速に対応しています。

具体例: たとえば、福岡を訪れるお仕事や観光の方々には、柔軟な対応やパーソナライズされたサービスを提供しています。お客様のニーズにより適した滞在体験を提供することで、顧客満足度の向上に努めています。

結論: 「たっきールーム」は、持続可能な運営を重ね↓、地球環境への貢献を行っています。環境に配慮した清掃

この文章は、提案する構成方法を視覚的に示しており、より理解しやすい形で情報を伝えることできるように変化しています。

ちなみにGeminiでは、PREP法の流れでしたが、箇条書きでしか生成してくれませんでした。

最後に、文章構成が決定したら、この構成をもとに実際の文章を作成し、4.1で前述したように見出しを加えるとさらに最終的な完成型コンテンツへと近づきます。

このように、人間にもロボットにも理解しやすい文章構成を心がけましょう。

4.7 Googleサジェストをページ内部に組み込む

この節の内容

- Googleサジェストとは?
- 検索キーワードに対する答えを用意する
- サジェストを組み込むためのプロンプトとは?

●Googleサジェストとは?

3.1でも軽く触れていますが、Googleサジェストは、Google検索において、ユーザーが検索キーワードを入力する際にリアルタイムで関連する検索キーワードの候補を表示する機能です。簡単に説明すると、たくさんの人が検索しているキーワードのことです。

これらは、人気のある検索キーワード、最近のニューストピック、季節やイベントに関連するなど、さまざまな要因によって変動します。

Googleサジェストは、SEOの観点からも重要なツールです。この情報をもとに、コンテンツ戦略を練ることができます。

●検索キーワードに対する答えを用意する

Webページのコンテンツは、「適切なキーワードの選定」を基礎として構築されるべきです。特に、高い検索ボリュームを持つキーワードに対応するコンテンツを提供することが重要です。この際、ページのテーマやタイトルだけでなく、文章作成時に、検索ユーザーの検索意図を反映したキーワードを組み込むべきです。これにより、ユーザーのニーズに応えることができます。

なぜなら、Googleの身になって考えると、次のような流れとなるからです。

Googleの気持ち

❶検索数の多いキーワードをタイトルまたは本文中に用いる（Googleサジェスト）

⬇

❷多くのユーザーが知りたがっている情報が載っている

⬇

❸多くのユーザーの疑問に答えているためユーザー志向の優良Webページだ

例えば、「キャベツ　レシピ」というキーワードをターゲットにした特集ページを作成する場合、そのページや関連するサブページは、図4-7-1のように、実際の検索需要に基づいてユーザーが求める情報を提供するように設計することが望ましいです。

▼図4-7-1 下位ページの例

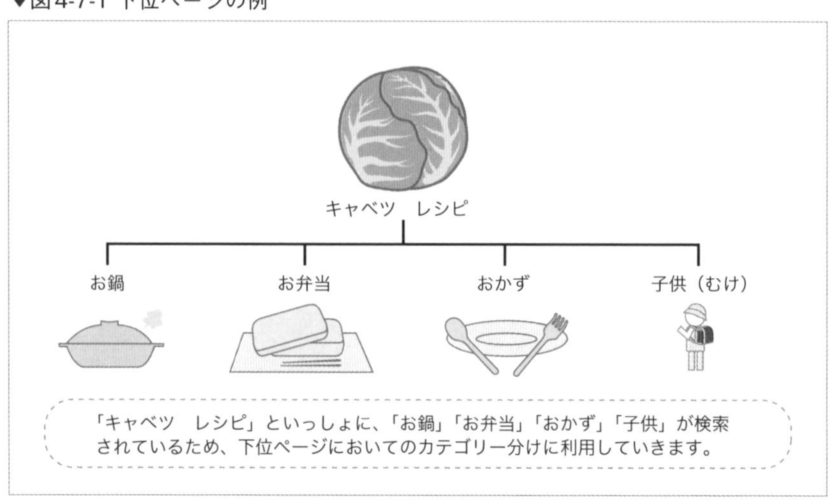

さらには、「キャベツ　レシピ」を主とする上位ページ内の文章については、派生したGoogleサジェスト語句を使用することで、下位ページとの関係性が強くなり、SEOに強いページとなります。

ここからは、実際に「キャベツ　レシピ」のコンテンツを作成するための具体的な方法として、第3章でも取り上げている「ラッコキーワード」を使用して説明していきます。

URL https://related-keywords.com/

検索窓に、「キャベツ　レシピ」と入力して、虫眼鏡マークをクリックします。

▼図4-7-2　キーワードを入力して検索

すると、「キャベツ　レシピ　○○」のように、派生する検索数の多いキーワードを抽出してくれました。

このGoogleサジェストを文章に組み入れる改善により、内容はより明確になり、読み手にとっても理解しやすくなります。

次に、図4-7-2の右上にある「全キーワードコピー（重複除去）」をクリックしてコピーを行います。

その後、図4-7-3のように、ChatGPTで指示を行います。

```
例をもとに、下記の語句から"キャベツ"と"レシピ"の単語を取り除き、残りの要素をシンプルに横に並べた形に改善してください。

例：サラダ、豚肉、人気・・・

語句：
キャベツ レシピ
キャベツ レシピ サラダ
キャベツ レシピ 豚肉
キャベツ レシピ 人気
キャベツ レシピ 副菜
キャベツ レシピ 簡単
キャベツ レシピ スープ
キャベツ レシピ ダイエット
```

▼図4-7-3　プロンプト例 Geminiでは対応不可

You
例をもとに、下記の語句から"キャベツ"と"レシピ"の単語を取り除き、残りの要素をシンプルに横に並べた形に改善してください。

例：サラダ、豚肉、人気・・・

語句：
キャベツ レシピ
キャベツ レシピ サラダ
キャベツ レシピ 豚肉
キャベツ レシピ 人気
キャベツ レシピ 副菜
キャベツ レシピ 簡単
キャベツ レシピ スープ
キャベツ レシピ ダイエット
キャベツ レシピ 人気1位クックパッド サラダ
キャベツ レシピ 人気1位クックパッド 子供
キャベツ レシピ 人気1位クックパッド ひき肉

このプロンプトによる生成結果が、次の図4-7-4のとおりです。

▼図4-7-4　生成結果

ChatGPT
サラダ、豚肉、人気、副菜、簡単、スープ、ダイエット、人気1位クックパッド、子供、ひき肉、温かい、さっぱり、ツナ、ハム、チキン、レンジ、ポン酢、鍋、味噌、卵巻き、味噌炒め、殿堂入り、さっぱり、さっぱり、作り置き、塩昆布、洋風、もう1品、早い、メイン、おかず、煮物、ベーコン、コーン、温かい、油揚げ、厚揚げ、あっさり、朝ごはん、アンチョビ、温まる、和え物、圧力鍋、味の素、炒め、炒め物、一位、イタリアン、居酒屋、インスタ、金スマ、クックパッド、クラシル、栗原はるみ、クリーム、くたくた、クリーム煮、クックパッド 殿堂入り、クリスマス、クックドゥ、健康、ケチャップ、血圧、クックパッド、子供、コールスロー、コウケンテツ、コンソメ、コーン、昆布、小麦粉、高齢者、小鉢、さっぱり、さっぱり、ささみ、塩昆布、主菜、シーチキン、消費、志麻さん、塩ダレ、しらす、汁物、白だし、白ごはん、酢、炊飯器、ステーキ、すぐできる、酢の物、ストウブ、酢漬け、コンソメ、節約、酢漬け、世界

ここで、固有名詞のキーワードは、直接自身のWebページに関わらないと思いますので、プロンプトまたは生成結果から外しておきましょう。

最後に、図4-7-5のように、派生したサジェスト語句を組み入れた記事作成指示を与えます。

▼図4-7-5　サジェスト語句を組み入れた記事生成のプロンプト Geminiも対応可

You
"キャベツ料理のレシピ"というタイトルで記事を作成してください。
ただし、下記語句を組み入れてください。

語句
"""
簡単、一覧、人気、冷凍、子供、洗う、肉、作り置き、メイン、安くて、豚バラ、ささみ、玉ねぎ、おくぞの、ランキング、肉なし、肉団子、魚、スープ、あっさり、イラスト、イタリアン、居酒屋、ウインナー、うずらの卵、内側、えのき、栄養、エリンギ、エビ、えび、海老、おかず、おすすめ、おしゃれ、お弁当、美味しい、お店、おしゃれ、海外、回鍋肉、韓国、加熱、カニカマ、かぼちゃ、キムチ、キッコーマン、きのこ、きゅうり、切り方、クックパッド、臭い、クリスマス、鶏肉、ケチャップ、素、もつ鍋、もやし、焼きそば、焼き、焼く、焼肉、焼く、焼き、痩せる、野菜、柔らかい、茹でる、ヨーグルト、横浜、利用、和食、餃子に合う、牛肉、牛乳、群馬、ごま油、ご飯、ざく切り、ダイエット、殿堂、ドイツ、馬場、晩御飯、弁当、ポン酢、1玉、3歳
"""

その生成結果が、図4-7-6です。

▼図4-7-6　生成結果

ChatGPT
キャベツ料理のレシピ

キャベツは手頃な価格で、栄養価も高く、さまざまな料理に活用できる食材です。今回は、簡単で美味しいキャベツ料理を一覧でご紹介します。家族や友人に人気のあるレシピばかりですので、ぜひお試しください。

1. キャベツと豚バラの炒め物

- **材料（2人分）：**
  - キャベツ（1/2玉）
  - 豚バラ肉（100g）
  - 玉ねぎ（1/2個）
  - えのき（1パック）
  - ウインナー（2本）
  - ごま油（大さじ1）
  - 醤油（大さじ2）
  - みりん（大さじ1）

　このように、Googleサジェストを文章中に組み入れることで、Googleからの評価を上げることができ、結果、上位表示につながります。ただ、関係がない語句を無理やり入れることだけはないようにしましょう。

4.8 キーワード出現率と出現順位について

この節の内容

- キーワード出現率とは？
- キーワード出現順位とは？
- 意味の無い言葉の使用や冗長表現はなるべく控える

●良質コンテンツの定義について

「良質なコンテンツ」の定義について解説していきます。まず伝えたいのが、ネット上にある多くの情報が曖昧であることです。

加えて、「良質なコンテンツ」の提供は確かに重要ですが、それだけでは検索結果の上位に表示されることは難しいでしょう。

何がSEOに有効かを具体的に理解し、ユーザーに価値を提供するとともに、検索エンジンがコンテンツを適切に評価できるようにすることが重要です。

この点において、SEOに効果的なWebライティングは、ある種の科学であるとも言えます。「良質なコンテンツ」を主観で判断していては、明確な基準がなく方向性も定まりません。そして、この良質コンテンツに最も関わるのが、キーワード出現数と出現率です。

●キーワード出現数と出現率について

「キーワード出現数」は、WebページのSEOにおける重要な要素です。特定のキーワードで上位にランクインさせたい場合、そのキーワードをページ内で最も多く使用する（出現順位上位）ことを推奨します。

これにより、検索エンジンのクローラーはページの内容がそのキーワードに関連していると判断しやすくなります。ただし、過剰な使用はスパムとみなされる可能性があり、ペナルティにつながるため、注意が必要です。

そこで、考えなければならないのが「出現率」です。

つまり、出現数と出現率のバランスを考えながら施策することが求められます（※対象となるのは、前述のように「自立語」です）。

ここで、「SEOチェキ!」というフリーツールを用いて、出現数と出現率を確認します。

URL https://seocheki.net/

図4-8-1のように、URLを入力して、「チェック」ボタンを押します。

▼図4-8-1　SEOチェキ！

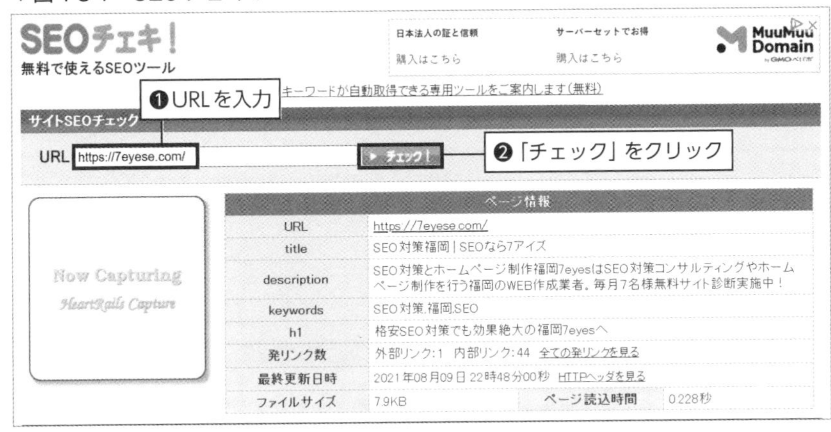

その後、スクロールして、キーワード出現頻度チェック覧で、再度URLを入力します。

すると、図4-8-2のように、出現数と出現順位を抽出してくれます。

▼図4-8-2　キーワード出現頻度チェック

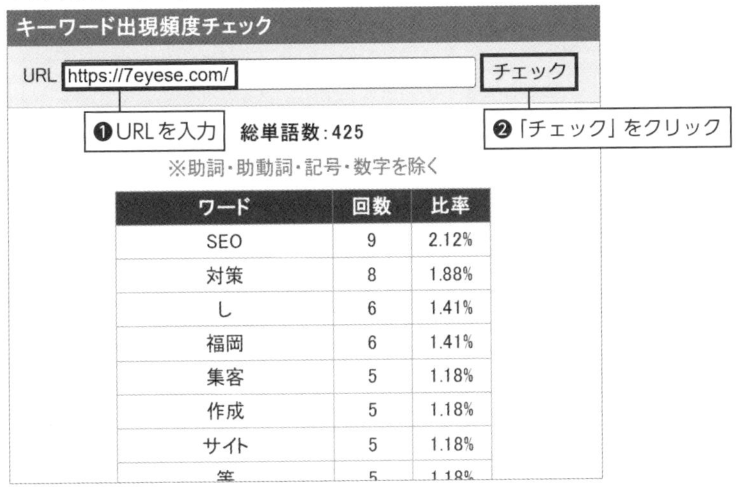

ワード	回数	比率
SEO	9	2.12%
対策	8	1.88%
し	6	1.41%
福岡	6	1.41%
集客	5	1.18%
作成	5	1.18%
サイト	5	1.18%

ここで、筆者が様々な検証をおこなった結果から、**狙っているキーワード全体の6%以上、8%未満**がベストと考えます。

●自立語の出現順位と出現率をChatGPTで調べてみる

AI（ここではChatGPT）を用いても、図4-8-2で行ったように生成文章内にある自立語の出現順位と出現率を調べることができます。

> 上記生成文章内の自立語について、出現順位と出現率を表形式で抽出してください。

▼図4-8-3　出現順位と出現率の生成結果 Geminiでは対応不可

You
上記生成文章内の自立語について、出現順位と出現率を表形式で示してください。
‹ 2/2 ›

ChatGPT
以下に、修正された文章内の自立語の出現順位と出現率を示します。

自立語	出現順位	出現率
福岡	1	4回 (15.4%)
マンスリーマンション	2	3回 (11.5%)
徒歩圏内	3	2回 (7.7%)
駅近	4	2回 (7.7%)
たっきールーム	5	3回 (11.5%)
中心街	6	2回 (7.7%)
物件	↓	3回 (11.5%)

この生成結果をもとに、出現順位と出現率を調整していきます。仮に「福岡　マンスリーマンション」で上位表示を狙う場合、出現順位は、福岡が1位で、マンスリーマンションが2位なので問題ありませんが、それぞれの出現率が15.4%と11.5%と、比較的高いということもわかります。

これは、単純なプロンプトで生成した文章なので、元々記事ボリュームが少ないです。そのため、記事を膨らませるための指示も改めて行って調整することが求められます（文字数が増えるとおのずと出現率も減少することとなります)。

なお、文字数については、3.4で前述した施策で説明していますので、ここでは、出現数について調整していきます。プロンプトの例は次のとおりです。

出現順位の3位以下について、3位を"徒歩圏内"、4位を"駅近"に変更した文章に改善してください。

▼図4-8-4 出現数調整のプロンプト

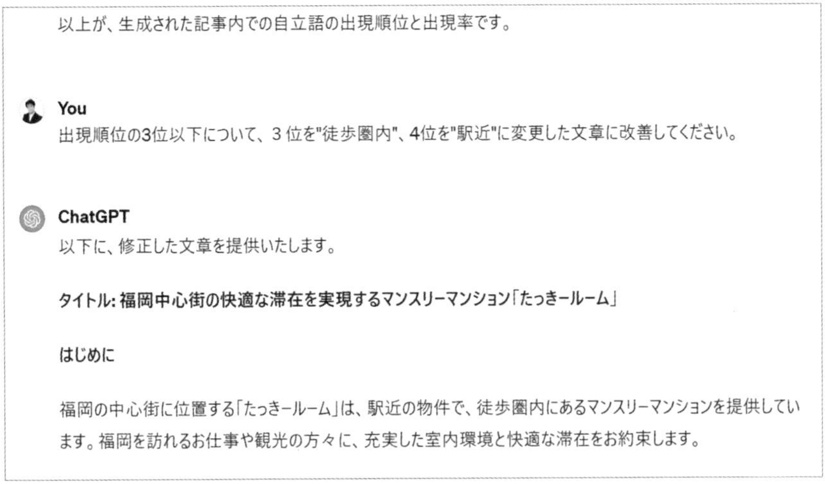

以上が、生成された記事内での自立語の出現順位と出現率です。

You
出現順位の3位以下について、3位を"徒歩圏内"、4位を"駅近"に変更した文章に改善してください。

ChatGPT
以下に、修正した文章を提供いたします。

タイトル: 福岡中心街の快適な滞在を実現するマンスリーマンション「たっきールーム」

はじめに

福岡の中心街に位置する「たっきールーム」は、駅近の物件で、徒歩圏内にあるマンスリーマンションを提供しています。福岡を訪れるお仕事や観光の方々に、充実した室内環境と快適な滞在をお約束します。

ちなみにGeminiについては、出現順位と出現率の生成結果の中でも、特に出現率の精度がかなり低いようです。ただ、Googleスプレッドシートにエクスポートと表示もあり、精度が上がれば、今後の利活用に期待が持てそうです。

▼図4-8-5 生成結果

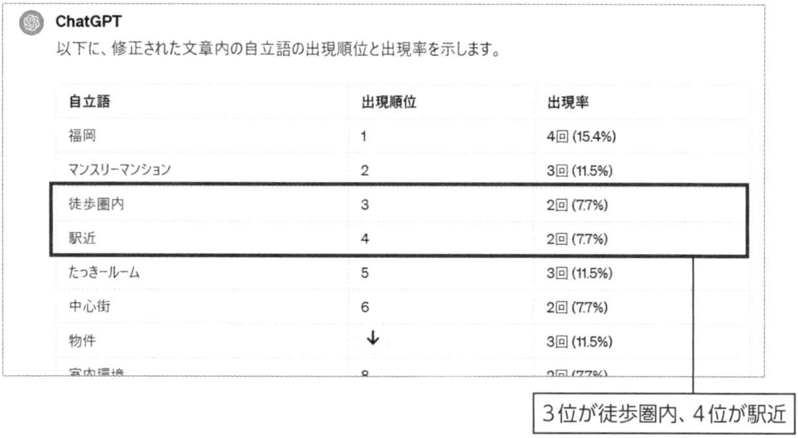

ChatGPT

以下に、修正された文章内の自立語の出現順位と出現率を示します。

自立語	出現順位	出現率
福岡	1	4回 (15.4%)
マンスリーマンション	2	3回 (11.5%)
徒歩圏内	3	2回 (7.7%)
駅近	4	2回 (7.7%)
たっきールーム	5	3回 (11.5%)
中心街	6	2回 (7.7%)
物件	↓	3回 (11.5%)
室内環境	8	2回 (7.7%)

3位が徒歩圏内、4位が駅近

生成結果から、出現順位3位が徒歩圏内、4位が駅近と確認できました。

このように、出現率と出現数をコントロールし、最適化していきましょう。

第 5 章

ツールを活用したコンテンツSEO

SEOに利活用できる
ツールとは？

5.1 AIPRM(拡張機能)を利用する

この節の内容

- 拡張機能に内蔵されたSEOプロンプトを利用する
- 拡張機能で記事を作成する
- Topic(カテゴリ)はSEOを選択して利用する

●自動化ツールの活用(Google Chromeの拡張機能)

第5章では、ツールを使用したコンテンツ生成を解説していきます。以下に、5.1から5.4までの各節の概要を紹介します。

本節5.1では、『AIPRM』という拡張機能を取り上げます。次の5.2では、GoogleのAIツール『Gemini(旧Bard)』について解説します。5.3では、『GPTs』のSEOにおける活用を解説します。最後の5.4では、コンテンツの校正に『editGPT』を活用する方法を解説します。

まずはGoogle Chromeの拡張機能の具体的な活用方法について解説します。この拡張機能を駆使することで、プロンプトの生成をよりスムーズに行い、質の高いプロンプトを得ることが可能になります。

Google Chromeの拡張機能には、テキストを自動生成するための便利なツールが含まれています。例えば、内蔵された優れた定型プロンプトから選択するだけで高品質な回答を生成できます。それが、「AIPRM」です。

▼図5-1-1 AIPRMを検索した結果

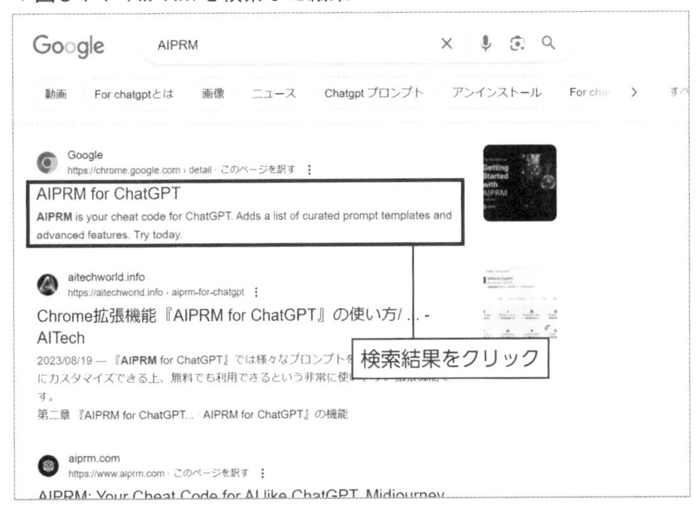

拡張機能の導入方法は簡単で、図5-1-2の画面で「Chromeに追加」ボタンを押して、次にポップアップする「拡張機能を追加」というボタンを押すだけです。

▼図5-1-2 AIPRM for ChatGPTを追加する

導入後は、図5-1-3のようにTopicをSEOに設定すると、SEO関連のプロンプトが表示されます。

▼図5-1-3 AIPRM導入後のChatGPT画面

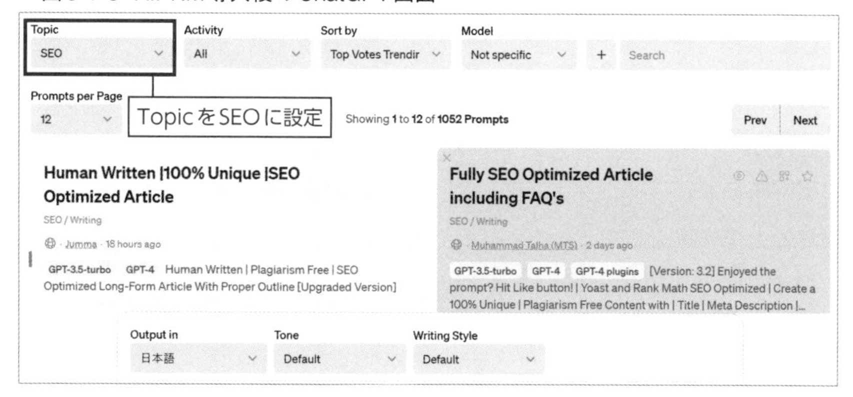

例えば、『HumanWritten|100% Unique|SEO Optimized Article』や『Fully SEO Optimized Article including FAQ' s』がSEOに関わるプロンプトです。

『HumanWritten|100% Unique|SEO Optimized Article』を選択し、キーワードを入力して実行（エンターキーを押す）を行うと、SEOに留意した記事を生成してくれます。

▼図5-1-4 HumanWritten|100% Unique|SEO Optimized Article

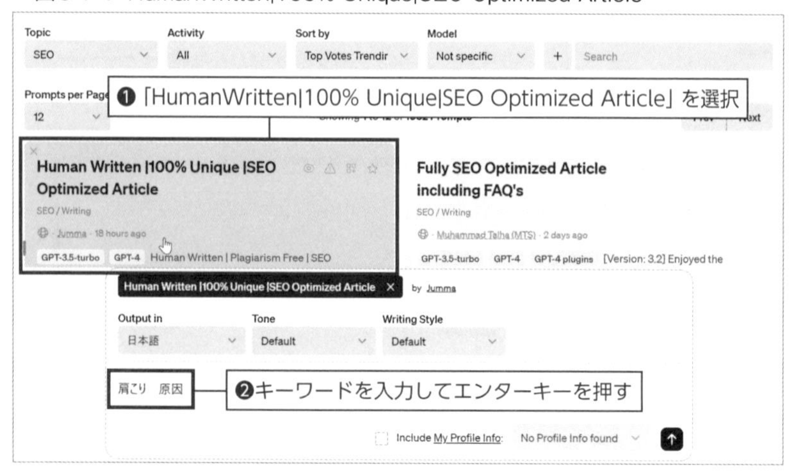

▼図5-1-5 生成結果

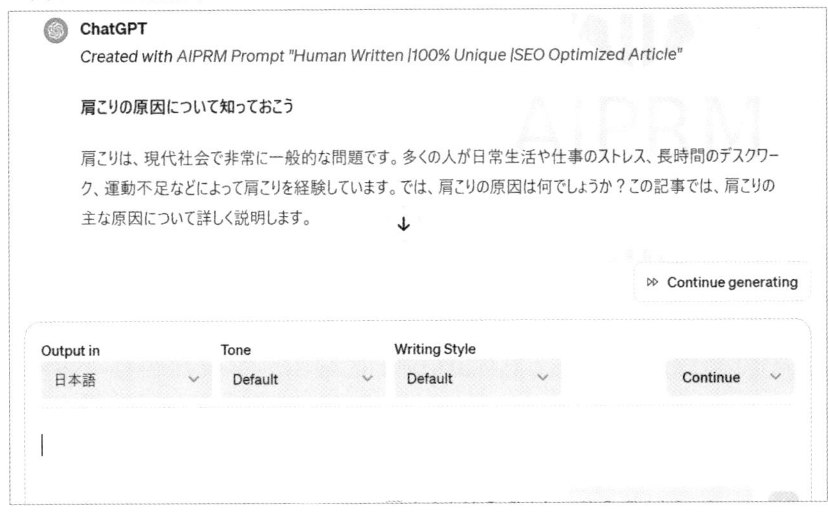

このように、SEO関連プロンプトを活用することで、1分程度で原文記事を生成してくれるので、筆者も重宝しています。

この原文を利用して、さらに細かいSEO調整を行いアップします。

5.2 Geminiを利用する

この節の内容

- ChatGPTとの違いとは？
- 生成文章を比較する
- Geminiの特徴とは？

●AI回答比較ツールでChatGPTとGeminiを比較してみる

最近、自然言語を用いたチャットボットAIが多数登場しています。2024年4月の時点で特に注目されているのは、OpenAIのChatGPT、MicrosoftのCopilot、GoogleのGemini（旧Bard）といったシステムです。

これらはそれぞれ独自の特色を持っており、AIが持つ情報量やシステムのバージョンによって、提供される回答に違いがあります。このような状況の中で、現在使用しているチャットボットAIが最適な回答を提供しているかどうかを判断するためのツールが存在します。

「Chat Hub」はその一例で、異なるチャットボットAIに同じ質問を投げかけ、結果を比較・一括管理することができる便利なツールです。

5.1と同様、Chromeの拡張機能を開き、Chat Hub 追加します。画面右上に追加した拡張機能の一覧がありますので、「Chat Hub」をクリックしてください。

すると、図5-2-1の画面のように、左右のAIを比較することができます。

▼図5-2-1 ChatHubの画面を表示する

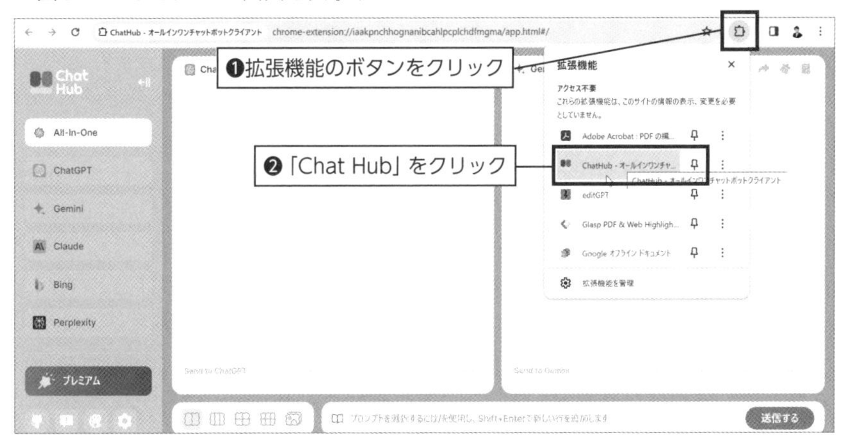

●Geminiに質問してみる

Geminiとは Googleの生成AIチャットです。以前は、Bardという名前でした。

URL https://gemini.google.com/app

▼図5-2-2 Geminiの画面

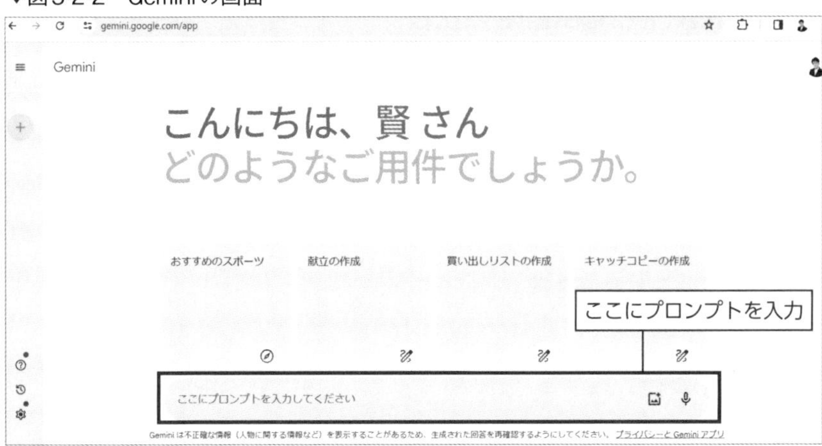

まずは、このGeminiに次のことを質問してみました。

> ChatGPTとGeminiの比較を行ってください。
> 優れている点、劣っている点など。

すると、次のように答えてくれました。

▼図5-2-3 生成結果

重要箇所を次にまとめます。

●ChatGPTとGeminiの比較

ChatGPTとGeminiは、どちらも高度な対話型AIサービスですが、それぞれ異なる特徴と強みを持っています。

以下では、両者を比較し、それぞれの優れている点と劣っている点について説明します。

❶データベースと学習内容

> ◆ChatGPT
>
> ・インターネット上にあるテキストデータ(ニュース記事、ブログ、書

籍など）を主に学習
・偏見や差別的な表現を含む可能性がある

◆ **Gemini**

・Google AIが独自に構築した信頼性の高いデータセット（書籍、科学論文、Wikipediaなど）を主に学習
・事実に基づいた正確な情報提供に強み

Geminiの回答であることから、少し自己アピールが強いのかもしれませんが、ChatGPTのプロンプト次第では、確かに偏見や差別表現となる場合があることも頷けます。ただし、Geminiの「事実に基づいた正確な情報」については疑義が生じます。

なお、違いで着目したいのは、以下の内容です。

ChatGPT：主にニュース記事、ブログを学習
Gemini：主に、科学論文、Wikipediaを学習

このことから、堅い文章ならGeminiが向いているのかもしれませんが、通常のブログ記事ならChatGPTに分があるように思います。

❷回答の質

◆ **ChatGPT**

・創造的で多様な回答を生成
・文章表現が自然で読みやすい
・ユーモアや比喩などを用いた表現も可能

◆ **Gemini**

・論理的で正確な回答を生成

・質問の意図を的確に理解

・創造性やユーモアに欠ける場合がある

回答の質については、プロンプトでコントロールできるならChatGPT、文章を手堅く書いていくなら、Geminiでしょうか…。

最後に、比較して、特に劣るポイントは以下のとおりです。

◆ **ChatGPT**

最新情報への対応：学習素材に古い情報が含まれる場合があり、最新情報の正確性については注意が必要です。

倫理的な問題：差別的な表現や偏見を含む文章を生成する可能性があります。

◆ **Gemini**

創造的な文章生成：ChatGPTと比べると、創造的な文章生成能力は劣ります。

データ量：ChatGPTと比べると、学習データ量が少なく、知識の幅が狭くなる可能性があります。

このように一長一短あるようですので、用途に応じて使い分けることが重要です。

なお、ChatGPTはリアルタイム情報ではないため、ここでは質問していません。

●Geminiで文章を作成する

実際にブログ記事を書いてもらいます。すると、次のような特性が見えてきました。

図5-2-4のように回答を3パターン提案してくれました。

▼図5-2-4　3パターンの回答

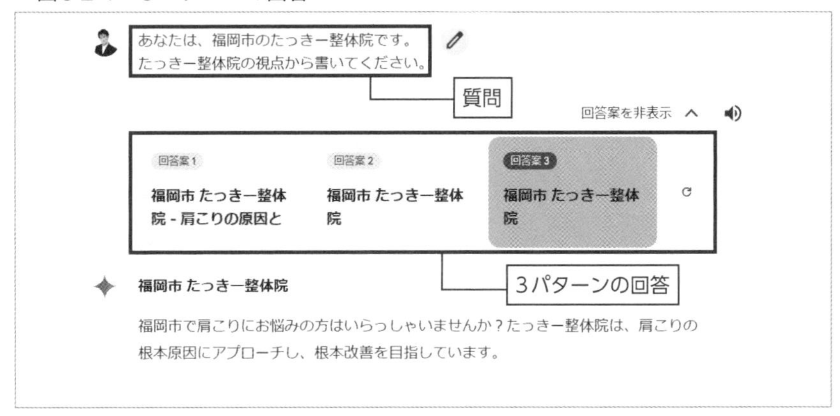

その他、図5-2-5のように、あらかじめ、SEOにも有効となる、見出しや箇条書きを組み入れてくれました。

▼図5-2-5　見出しや箇条書きが多い

当院では、お客様一人ひとりの原因を丁寧にカウンセリングと検査で特定し、根本的な解決を目指した施術を行っております。

主な施術方法

- 骨格矯正
- 筋肉調整
- 内臓調整
- 頭蓋骨矯正
- 鍼灸

お客様の声

- 長年悩んでいた肩こりが、たっきー整体院に通い始めてからようやく改善しました。
- 施術後は体が軽くなり、頭痛もなくなりました。

少ない情報量の中でも、論理的に骨子を固めてくれているという印象ですので、ガイドラインとして、あらかじめGeminiで書いてもらい、深く掘り下げる場合に、情報量の多いChatGPTを用いるのもおすすめです。

●ChatGPTとの相違点について

ここからは、ChatGPTと比較してGeminiで試した検証結果について、解説していきます。

❶コラム記事について

以下の図5-2-7と、前述の図2-2-4（P.57）のChatGPTでの生成結果を比較すると、署名欄のようなものが最後に記載されています。

▼図5-2-6　署名欄のようなものが記載される

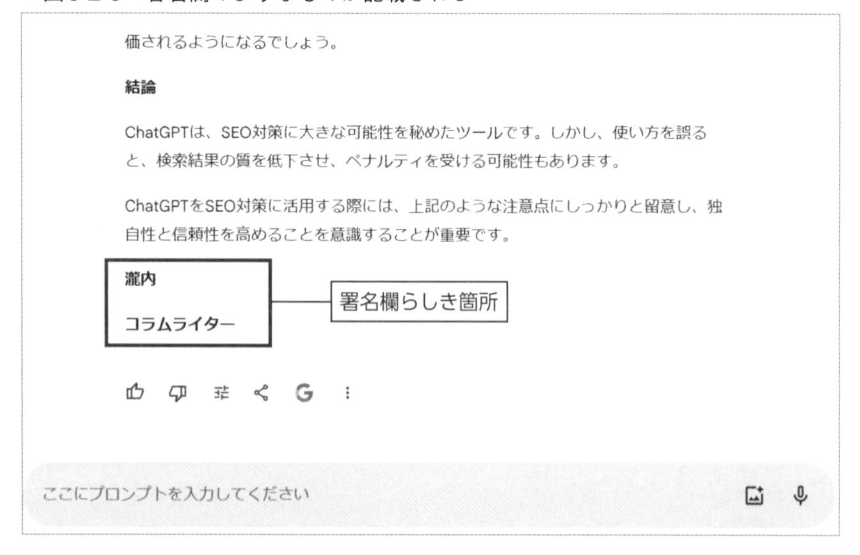

❷位置情報が関わる設定の文章について

以下の図5-2-6と、図2-3-3（P.61）のChatGPTでの生成結果を比較すると、Googleの位置情報との連携で、勝手に現在地付近の住所を書いてくれる場合もあります。

▼図5-2-7　位置情報について

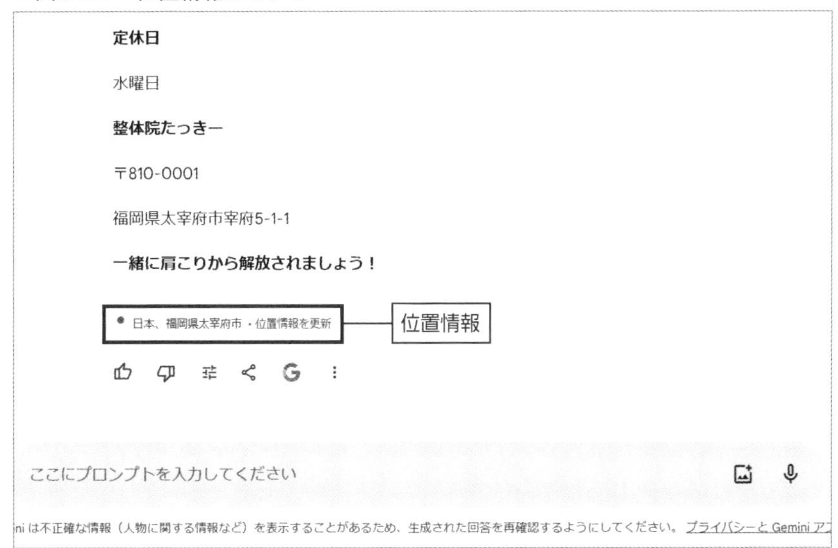

❸編集プロンプトについて

図2-3-5（P.63）のChatGPTでの編集に対して、Geminiでは、「テキストを編集」という鉛筆マークをクリックすると、プロンプトを手直しすることができます。

▼図5-2-8　プロンプトの編集①

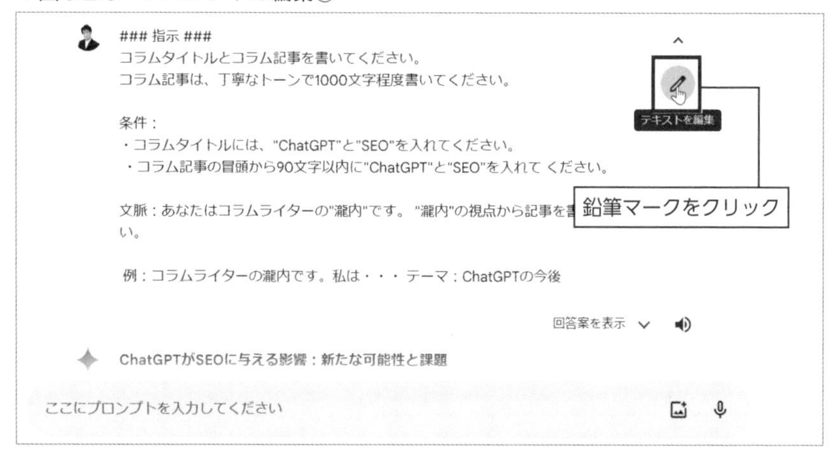

　また、回答の最後にあるアイコンの左から3つ目「この回答を書き換える」にマウスオーバーすると、「短くする」や「カジュアルな表現にする」などのお任せの修正プランが表示されます。

▼図5-2-9　プロンプトの編集②

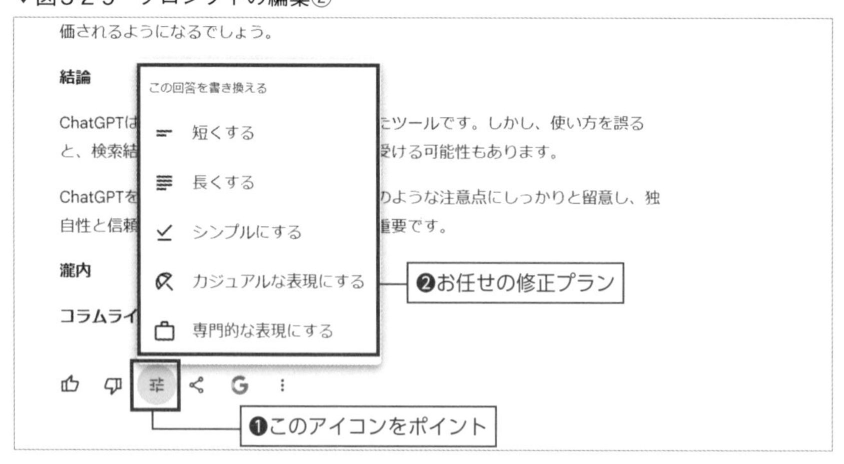

❹キーワードリサーチについて

3.1で解説しましたが、キーワードリサーチについて、AIの利用はあくまで「目安」としてのみ機能します。

次の流れで質問をしてみました。

> プロンプト1：肩こりに関する派生ワードのなかで、検索ボリュームは多く、競合が少ないキーワードを提示してください。
> ↓
> プロンプト2：上記生成結果について質問です。
> 参考Googleキーワードプランナー: https://ads.google.com/aw/keywordplanner/　とありますが、GoogleのツールとAPIで連携して抽出した回答結果でしょうか？

すると、結果は以下のようになりました。

▼図5-2-10　結果1

▼図5-2-11　結果2

- API連携による自動化
- より詳細なデータ分析
- ニッチなキーワードの発掘

補足

- 上記生成結果はあくまで参考であり、実際の検索ボリュームや競合性は異なる可能性があります。
- キーワード選定は、ターゲット層や目標とする効果などによっても異なります。

ご質問

- その他、ご不明な点やご質問があれば、お気軽にお尋ねください。

ここにプロンプトを入力してください

すなわち、「ChatGPTよりは精度が高いが、あくまでも参考程度」ということになります。ただ、将来的には、正確に検索需要を把握できる日が訪れるかもしれません。

❺文字数やキーワード指示について

図3-2-3（P.85）において解説しているのと同様に、「●●文字以下」については、ChatGPTとGemini、両者に大きな違いは見られませんでしたが、「●●文字程度」については、かなり少なく生成してくることが判明しました。

図5-2-12と図5-2-13をご覧ください。

加えて、キーワード調整指示も、Geminiでは言うことを聞いてくれません。このことから、文字数やキーワード指示（その他、文字密度などの細かい調整）に関しては、ChatGPTを使う方が無難なようです。

▼図5-2-12　文字数および文字配置指示とその結果

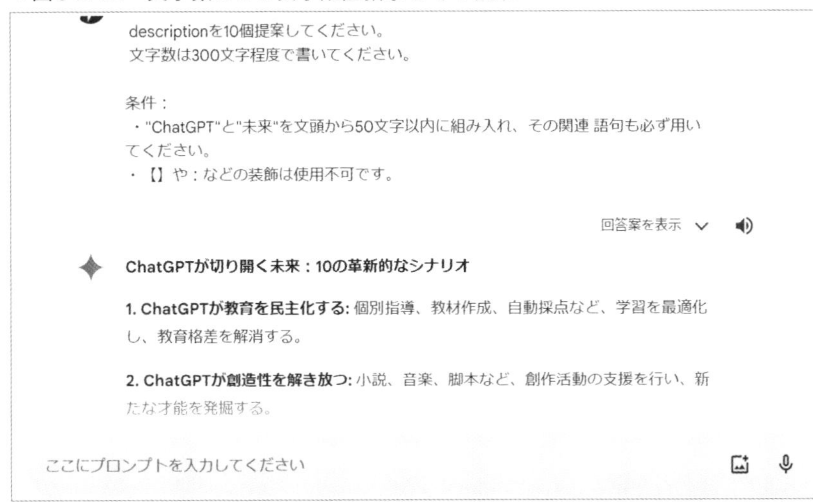

▼図5-2-13　文字配置の指示とその結果

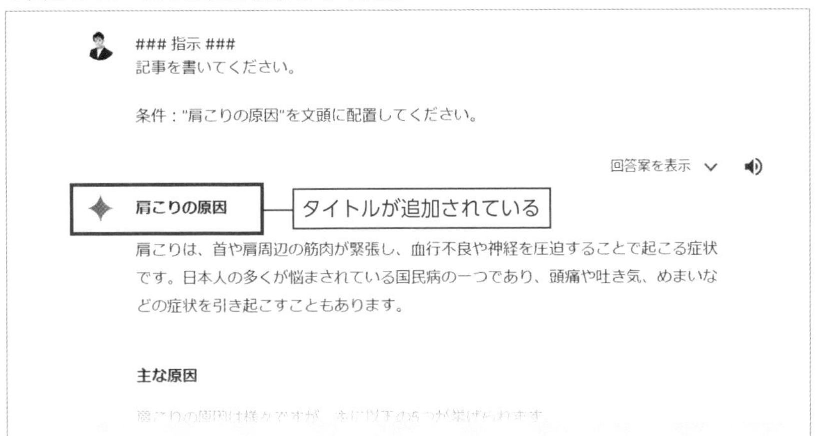

ここで特筆すべきは、Geminiに関しては、概ね、タイトルが加えられます。また、そのタイトルも文章のパーツとして組み入れられている可能性が高いように思います。

❻箇条書きについて

図3-7-1（P.126）の、ChatGPTでの箇条書きの生成結果と比較すると、Geminiの場合は、何も指示しなくても、図5-2-14のように適度に組み入れてくれます。

▼図5-2-14　箇条書きが組み入れられている例

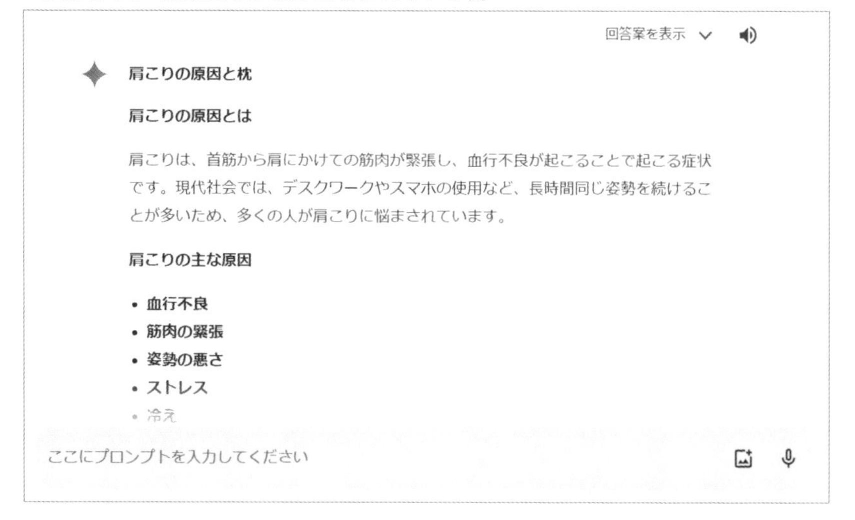

これについては、指示しなくてもよいということで、Geminiに分があるようです。

ただし、次のことにも注意が必要です。

❼見出し追加について

図4-1-3〜5（P.136〜138）の、ChatGPTでの生成結果と比較し、見出しを加えるプロンプトにおいては、次のように差がありました。

▼図5-2-15　ChatGPTの生成結果

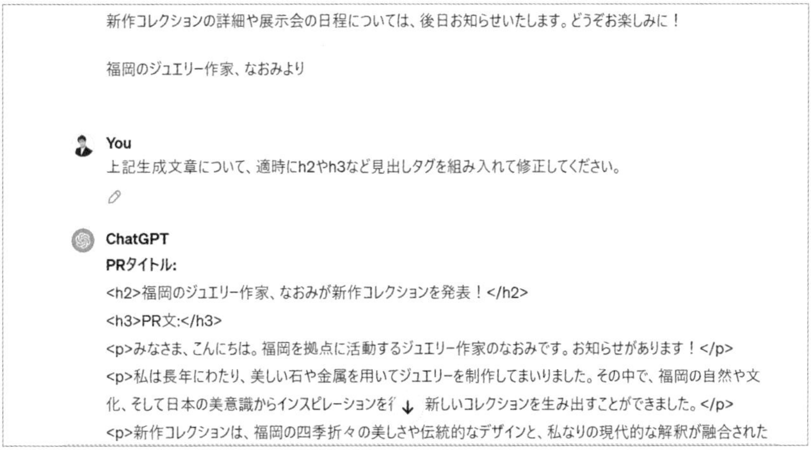

新作コレクションの詳細や展示会の日程については、後日お知らせいたします。どうぞお楽しみに！

福岡のジュエリー作家、なおみより

You
上記生成文章について、適時にh2やh3など見出しタグを組み入れて修正してください。

ChatGPT
PRタイトル:
<h2>福岡のジュエリー作家、なおみが新作コレクションを発表！</h2>
<h3>PR文:</h3>
<p>みなさま、こんにちは。福岡を拠点に活動するジュエリー作家のなおみです。お知らせがあります！</p>
<p>私は長年にわたり、美しい石や金属を用いてジュエリーを制作してまいりました。その中で、福岡の自然や文化、そして日本の美意識からインスピレーションを得、新しいコレクションを生み出すことができました。</p>
<p>新作コレクションは、福岡の四季折々の美しさや伝統的なデザインと、私なりの現代的な解釈が融合された

▼図5-2-16　Geminiの生成結果

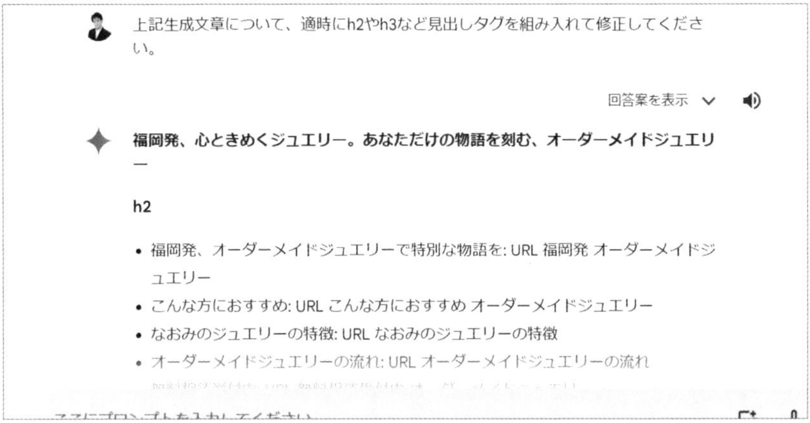

上記生成文章について、適時にh2やh3など見出しタグを組み入れて修正してください。

回答案を表示

福岡発、心ときめくジュエリー。あなただけの物語を刻む、オーダーメイドジュエリー

h2

- 福岡発、オーダーメイドジュエリーで特別な物語を: URL 福岡発 オーダーメイドジュエリー
- こんな方におすすめ: URL こんな方におすすめ オーダーメイドジュエリー
- なおみのジュエリーの特徴: URL なおみのジュエリーの特徴
- オーダーメイドジュエリーの流れ: URL オーダーメイドジュエリーの流れ

ここにプロンプトを入力してください

指示を出しているわけではないのですが、やたらと箇条書きが使用されています。このことから、見出しの作成指示に関しては、手直しするプロンプトが追加で必要になりそうです。

その他の点も検証したところ、ChatGPTとGeminiに関して大きな差異はありませんでした。良しあしを踏まえて、Geminiも利用していきましょう。

5.3 GPTsをSEOに利用する

この節の内容

- GPTsとは
- GPTsをSEOに利活用する
- オリジナルのAIチャットを作成する

●GPTsとは？

OpenAIは、2023年11月に、ChatGPTの新機能「GPT Builder（以下、GPTs）」を発表しました。GPTsは、ユーザーにコーディングの知識がなくても、ChatGPTを個別にカスタマイズできる機能で、その発表以来、大きな注目を集めています。

なお、ChatGPTの無料版では使えないため、有料版の登録が必要です。以下の3種類です。

- 個人向けの「ChatGPT Plus」
- チーム向けの「ChatGPT Team」
- 企業向けの「ChatGPT Enterprise」

▼図5-3-1 GPTsの画面

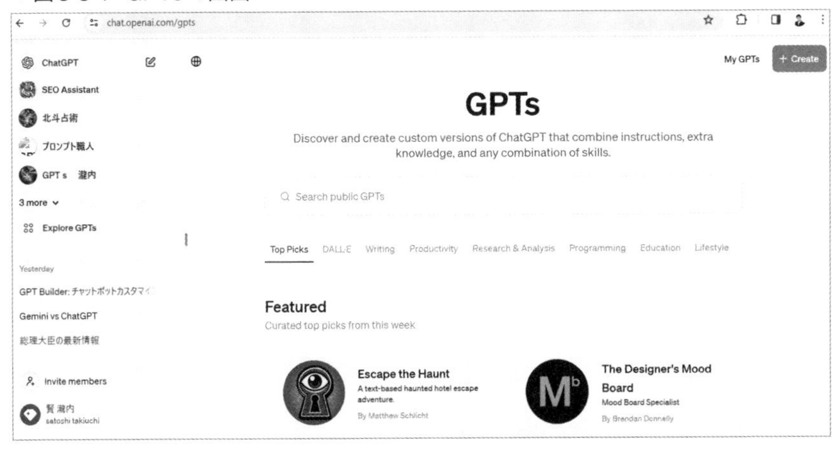

色々な人が作成したオリジナルAIチャットが公開されています。

このGPTsは、他の人が作ったものを利用するだけでなく、自分自身が効率よく作業していくためのオリジナルAIチャットも作成できます。

そのため、SEOプロンプトを組み入れたオリジナルAIチャットの作成も可能なのです。

GPTsとChatGPTとの比較をすると、ChatGPTの方は、情報が不十分であるとか、やり取りの中で、忘れてしまっていることも、ままあります。

いわば、ChatGPTが辞書なしで試験を受けていているイメージに対して、GPTsは辞書持ち込みで対応しているようなイメージで、ファイルデータをGPTsにアップロードすることもできるため、その情報をもとに、人間からの指示に対して回答してくれます。

▼図5-3-2 GPTsは辞書持ち込みで対応しているイメージ

●オリジナルAIチャットの作り方

作り方は意外に簡単です。図5-3-3で、左メニューにある「Explore GPTs」をクリックすると、GPTsの画面が立ち上がります。

▼図5-3-3 GPTs作成画面を表示する

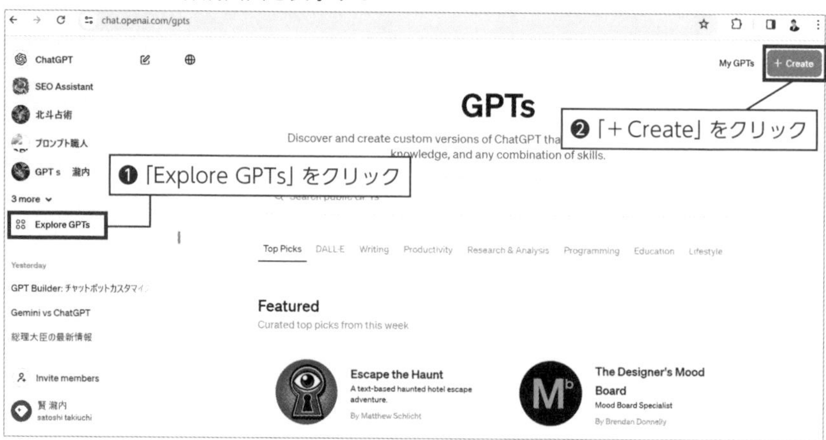

その中の、右上にある緑色の「+ Create」ボタンをクリックすると作成編集画面に移ります。

図5-3-4のように、「Configure」を選択のうえ、左側の空欄を埋めていくと、右側でオリジナルAIチャットが出来上がっていきます。特に重要なのが、「Instructions」です。この中にプロンプトを入れていきます。

▼図5-3-4　画面左側がプロンプト、画面右側がオリジナルAIチャット

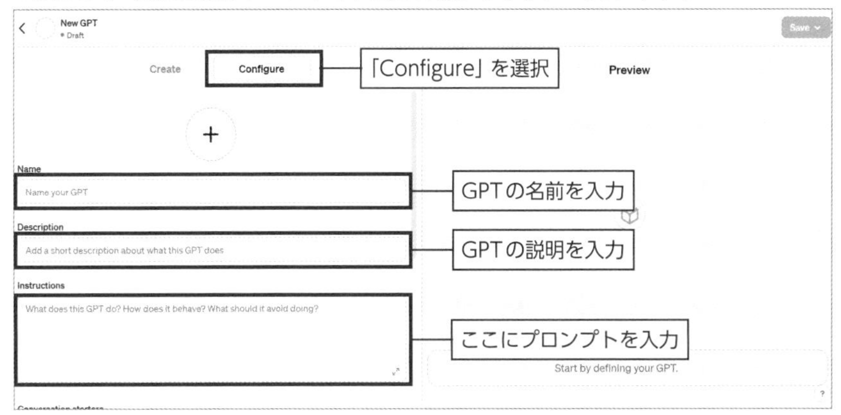

また、先ほど「辞書」をたとえ話にした情報については、「Knowledge」内部の「Upload files」をクリックすると、アップロードを選択する画面に切り替わります。

▼図5-3-5 ファイルのアップロード選択画面

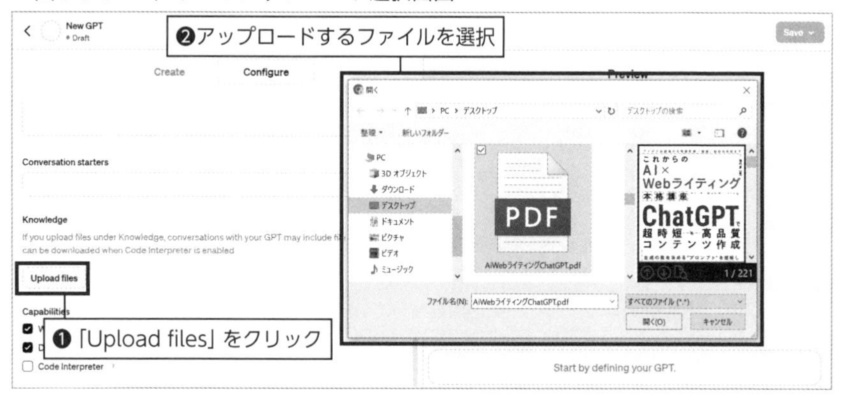

そして、図5-3-6の画面でファイルのアップロード完了です。

▼図5-3-6 ファイルのアップロード完了画面

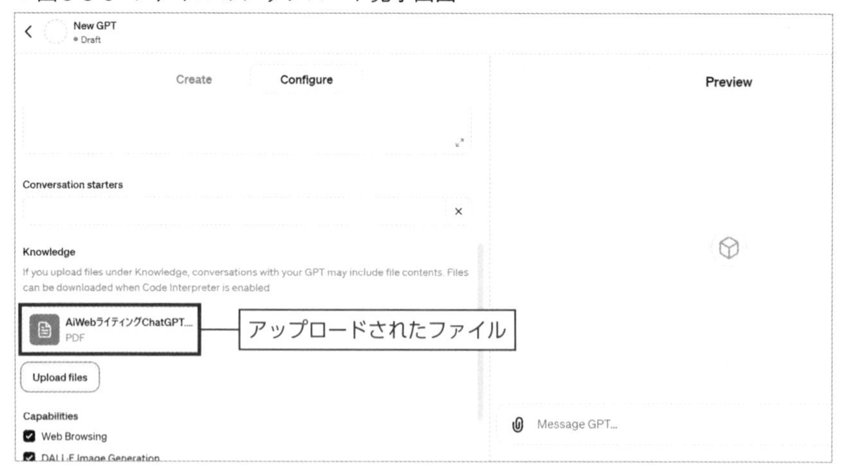

プロンプトは大きく次の2つに分けることができます。

❶指示

❷外部情報

この❷外部情報の部分を添付ファイルでアップロードすることで、いつも変わらない安定した情報を組み入れ、参照にしながら、記事などを書いてくれるというわけです。

すべて完了したら、最後に、右上の「Save」ボタンを押すと、実際に使用することができます。

ただし、基本的に、自分のみが使用する場合は、「Save」ボタンを押した後、「Everyone」のラジオボタンは選択しないようにしましょう。これを選択すると、一般向けに公開されてしまいます。

▼図5-3-7 「Save」を押して保存

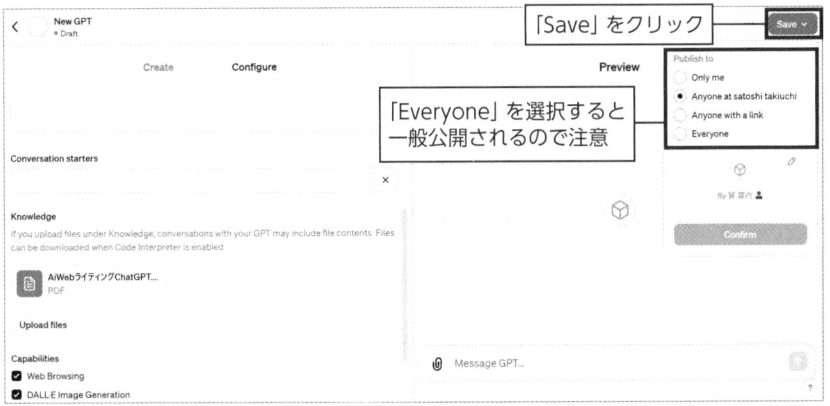

事業用の情報をアップロードして、GPTs内部にあらかじめ専用のプロンプトを入れておくとかなり楽に記事を書いていくことができます。

このように、GPTsを利用することで、SEO記事を精度高く、さらには早く仕上げることができるようになります。まずは試してみましょう。

5.4 コンテンツの校正に「editGPT」を活用する

この節の内容

- editGPTの効果的な使用方法
- コンテンツ完成の最終段階での誤字や脱字のチェック方法
- 記事校正を時短で行う

●ロボットと人間のための文章改善戦略

デジタル時代において、コンテンツ作成は情報を単に伝えるのではなく、「どのように」伝えるかが重要です。

特に、SEOを意識したコンテンツ作成では、キーワードや共起語などを適切に使用することが求められます。これは、検索エンジンにコンテンツを正確に認識させ、検索結果の上位に表示させるためです。

しかし、このプロセスで生成される文章は、しばしばロボットのためのものとなり、人間が読むには不自然な表現になってしまうこともあります。

そのため、この節では、ロボット(検索エンジン)だけでなく、人間にも自然で読みやすい文章に仕上げるための改善戦略を紹介します。

キーワードや関係性のある言葉を組み込みつつも、読み手が快適に読める、流れるような文章を作成するテクニック行うためのChatGPTの利活用について解説していきます。

また、ロボットと人間のバランスを取ることも、もちろんSEOには重要です。

検索エンジン向けだけでなく、実際に人々が読みたくなるような魅力的なコンテンツを作成することが、結果として、SEOに強いコンテンツなのです。

●editGPTとは

「editGPT」は、ChatGPTによって生成された文章の校正を支援するGoogle Chromeの拡張機能です。ChatGPTに文章の校正を依頼する際、「この文章を校正してください」と指示することで、文章を簡単に校正してもらえますが、どの部分が修正されたのか特定しにくいという問題がありました。

editGPTの導入方法は簡単です。Google Chromeの拡張機能ページを開き、editGPTを検索して追加・登録します。5.1でもChrome拡張機能の追加方法について詳しく説明しているので、そちらを参照してください。

editGPTを活用した後のプロンプトの例や、それによって生成された結果の具体例を、図5-4-1と図5-4-2に示しています。これにより、校正プロセスがより明確になり、コンテンツの質を効率的に向上させることが可能になります。

▼図5-4-1 ChatGPTに校正を依頼

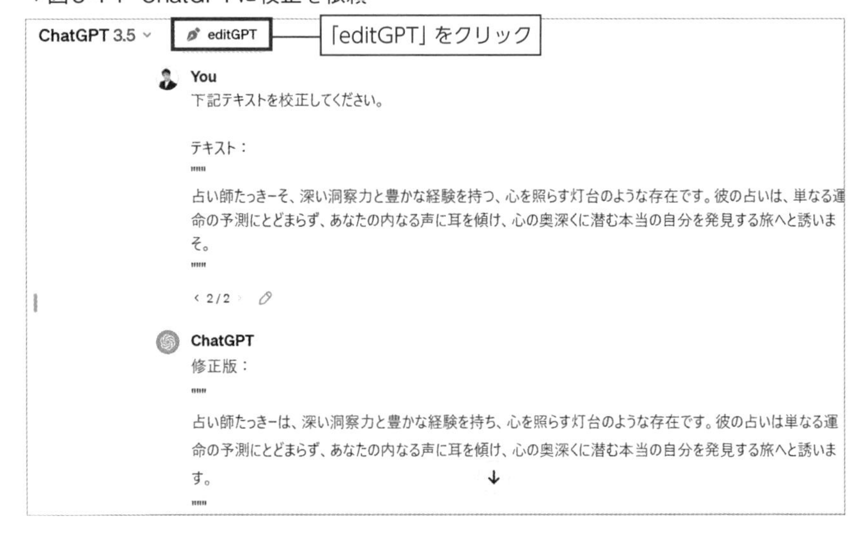

editGPTを追加すると、「editGPT」というボタンが追加されています。これをクリックすると、修正箇所を図5-4-2のように指摘してくれます。

▼図5-4-2 「Editing Disabled」ボタンを押した後の画面

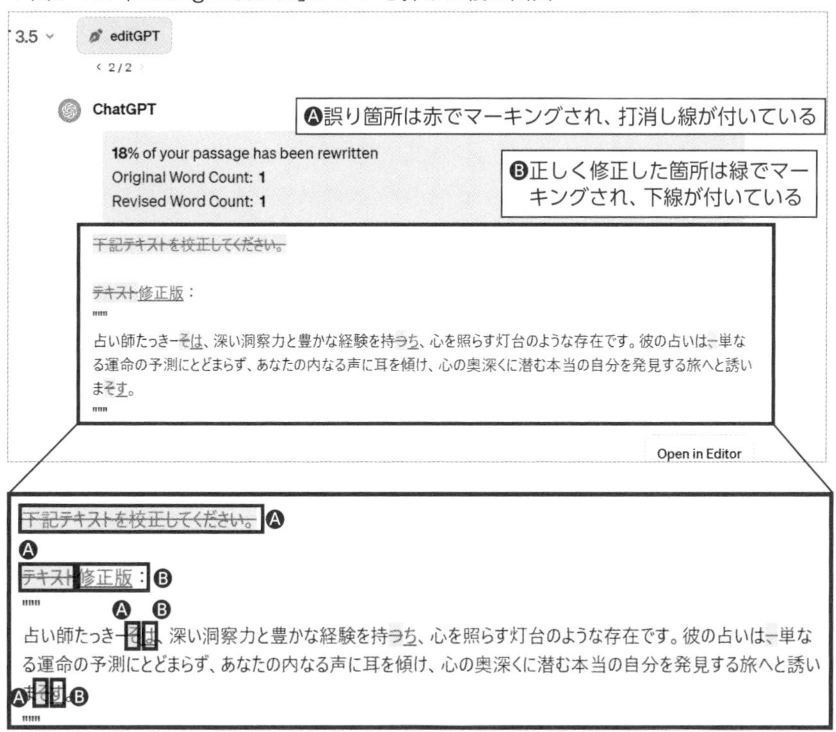

editGPTを用いた校正プロセスでは、誤りがある箇所は赤いマーキングで示され、それが線で消去されています。一方、正しく修正された箇所は緑色でマーキングされ、アンダーラインが引かれています。この方法により、改善点が一目でわかり、校正の効果を直感的に把握できます。

ChatGPTによる文章校正では、どの部分をどのように改善したのかが明確ではない場合があります。そのため、校正された箇所に特に関心がある場合は、editGPTの使用をおすすめします。

ぜひこのツールを活用して、Webライティングの最終段階で校正作業を簡単かつ効率的に行い、より高品質なコンテンツを作成してください。

●コピー率のチェック

校正が済んだら、最後にコピー率の確認をします。なぜなら、オリジナルコンテンツは、検索エンジンランキングにおいて非常に重要な要素です。コピー率が高い、つまり他のサイトからの転載やコピー&ペーストによるコンテンツは、GoogleやBingなどの主要な検索エンジンによって低品質とみなされがちです。これは、検索エンジンがユーザーにとって新鮮で価値のある情報を提供したいという目標と矛盾するためです。

ここで強調したいのは、0.1でも解説したように、単に他のWebサイトからの情報を再利用するのではなく、関係性のある共通の言葉も含めながらも、オリジナリティと新しさを追求することの重要性です。このようにして作成されたコンテンツは、検索エンジンによって高く評価され、結果として検索結果の上位に表示される可能性が高まります。逆に、コピー率が高いコンテンツは、検索結果の下位に位置づけられる傾向にあります。

そこで、以下の図5-4-3のツールでコピー率のチェックを行いましょう。

URL https://www.webconfs.com/seo-tools/similar-page-checker/

▼図5-4-3　webconfs.comのSimilar Page Checker

URLを入力して「submit」をクリックすると、類似度が表示されます。図5-4-4では30%となっています。筆者の見解として、50%以下を目安にコピー率を下げることを推奨します。

▼図5-4-4　コピー率の結果

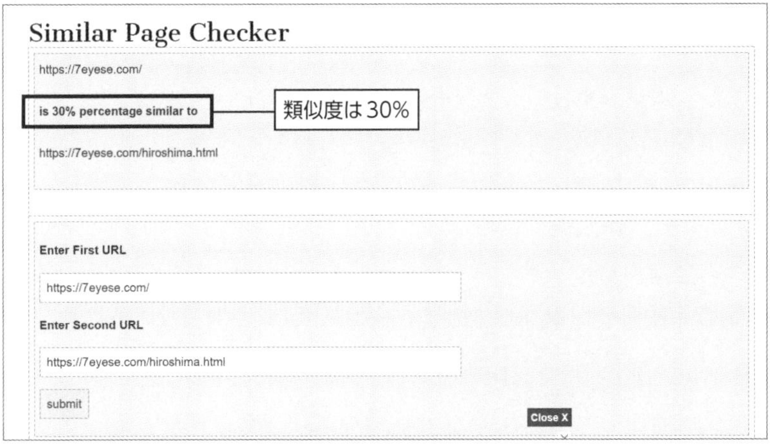

なお、プロンプトで制御する場合は、残念ながら、GPT 4でなければ、コピー率をコントロールすることができません。

無料版3.5などを利用している場合は、webconfs.comのSimilar Page Checkerなどのツール利用でコピー率を計算してください。

GPT4用参照プロンプト

```
### 指示 ###
下記のオリジナルテキストについて、類似率の条件、計算方法に留意し、50%以下になるように修正してください。

オリジナルテキスト：
"""
(ここにオリジナルテキストを入れます)
"""
```

類似率の条件：
・類似率の対象は自立語です。
・内容・ニュアンスは同じにします。

計算方法：
コンテンツAに含まれる自立語の総数が80個、
コンテンツBに含まれる自立語の総数が120個、
両コンテンツに共通して存在する自立語が50個ある場合

共通の自立語の割合（類似率）＝共通する自立語の数÷（コンテンツAの自立語の総数＋コンテンツBの自立語の総数-共通する自立語の数）×100

です。

つまり、類似率は、 50÷（80＋120-50）×100=33.33%です。

以上、第5章ではGoogle Chromeの拡張機能やGPTsなど、さまざまな有用なツールを紹介しました。これらのツールを駆使することで、コンテンツ制作のプロセスが大きく改善され、効率的かつ効果的なライティングが可能になります。

なお、最後に、第0章でも説明しましたが、オリジナルコンテンツ（独自コンテンツ）を組み入れてコピー率を確認しましょう。『下記文章を組み入れて改善してください。』というプロンプトで、再度コピー率を調整します。

Appendix

AI × SEOの
実践レポート

Google Search Consoleで
Webサイトを診断する

A.1 Google Search Console 診断

この節の内容

- 検索パフォーマンスからWebサイトの状態を把握する
- 検索需要も発掘する
- 診断に基づいてページ改善または新規ページを作成する

●Google Search Consoleについて

「Google Search Console」は、Googleが提供する無料のツールで、保有しているWebサイトがGoogle検索でどのように表示されているかを確認し、管理するためのものです。Webサイトを運営している人であれば、誰でも利用でき、自分のサイトのパフォーマンスを向上させるのに役立ちます。

このGoogle Search Consoleの主な機能のひとつとして、検索パフォーマンスの分析を行うことができます。どのキーワードでユーザーがサイトを見つけたか、どのページが最も人気があるかなど、Webサイトが検索結果でどのようなパフォーマンスを発揮しているかを見ることができます。

▼図A-1-1 検索パフォーマンスの画面

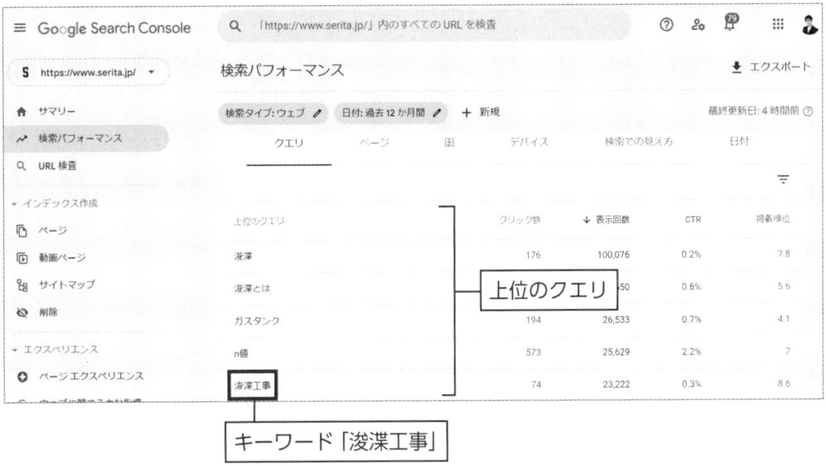

図A-1-1の中にある「上位のクエリ」とは、上位で検索されているキーワードのことで、ここでは表示回数の多い順番に並べ替えています。

この検索パフォーマンスでは、地盤改良など建設会社の数字を例にしています。「浚渫」、「浚渫とは」・・・と、検索数の多い順で並んでいますが、中でも狙っておきたいキーワードが「浚渫工事」です。

「浚渫」、「浚渫とは」という検索キーワードの場合、意味を調べようとしている検索目的によるノイズも入ります。対して「浚渫工事」は、主に工事を依頼するという検索です。

他の例として、「SEO」と「SEO 福岡」という検索も同様です。前者は意味を調べる目的であり、対して後者は福岡のSEO業者を探し、依頼する目的の検索です。

なお、このWebサイトにおいては、現状に鑑みて、「浚渫」、「浚渫とは」というキーワードを狙って広くアピールすることも同様にテーマにしています。

そのため、別ページ作成という路線で戦術を変更します。このように、両方を狙うことで、取りこぼしを無くすこともできます。

●検索キーワードを掘り下げる

検索パフォーマンス内の「浚渫工事」をクリックして、ページのタブをクリックし、表示回数の順番に並べます。図A-1-2をご覧ください。

最も改善すべきページは「https://www.serita.jp/riverbed/dredging/」です。

クリック数59、表示回数22,231、CTR（クリック数÷表示回数=）0.3%で、検索順位は8.7位です。

▼図A-1-2　該当ページのパフォーマンス

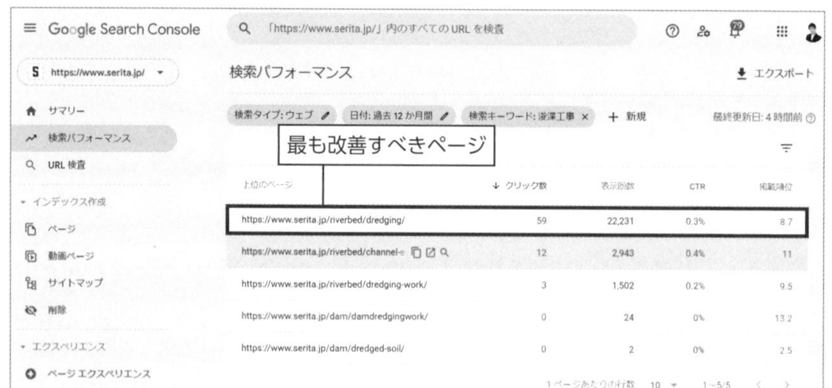

ちなみに、このページを立ち上げて右クリックし、「ページのソースの表示」を選択すると、図A-1-3のようにソースコードを閲覧することができます。

▼図A-1-3 ソースコード

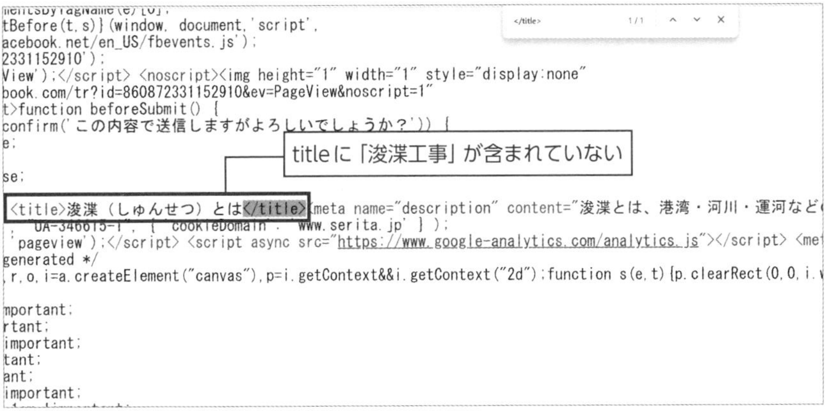

```
mentsByTagName(e)[0];
tBefore(t,s)}(window, document,'script',
acebook.net/en_US/fbevents.js');
2331152910');
View');</script> <noscript><img height="1" width="1" style="display:none"
book.com/tr?id=860872331152910&ev=PageView&noscript=1"
t>function beforeSubmit() {
confirm('この内容で送信しますがよろしいでしょうか？')) {
e;

se;

<title>浚渫（しゅんせつ）とは</title><meta name="description" content="浚渫とは、港湾・河川・運河など
; "UA-346615-1", { 'cookieDomain': 'www.serita.jp' } );
'pageview');</script> <script async src="https://www.google-analytics.com/analytics.js"></script> <me
generated */
,r,o,i=a.createElement("canvas"),p=i.getContext&&i.getContext("2d");function s(e,t){p.clearRect(0,0,i.w

mportant;
rtant;
important;
tant;
ant;
important;
```

</title> 1/1

titleに「浚渫工事」が含まれていない

3.2で前述したように、SEOで最も重要な箇所が、titleとdescriptionです。この例では、狙っているキーワードが「浚渫工事」だとした場合、SEOで最も重要なtitleが不一致であるため、上位表示を狙うことが難しくなります。

そして、このページで「浚渫工事」を狙うなら、次のようにAIを用いて、titleを改善していきます。

●titleの改善

titleにキーワードを入れながらも、なるべく短くすることが求められています（可能なら24文字以内）。前述の3.2も参考にしてください。

なお、プロンプトは次のとおりです。

```
### 指示 ###
titleを5つ提案してください。

条件：浚渫工事を用いてください。

文脈（背景）：
```

あなたは、たっきー建設です。
たっきー建設の視点から書いてください。

ChatGPTの回答

「浚渫工事のプロフェッショナル：水路再生プロジェクトの挑戦」
「水辺の再生：浚渫工事による土地価値向上の可能性」
「未来を築く：浚渫工事による都市計画の革新」
「水の道を拓く：浚渫工事がもたらす環境改善の功績」
「持続可能な水域管理：浚渫工事の役割と責任」

余談ですが、次にNG例を紹介します。『魅力的でクリックされるような』という一文をプロンプトに加えてみました。すると図A-1-4のような結果となりました（※たっきー建設部分は仮の名前です）。

▼図A-1-4　プロンプト変更後の結果

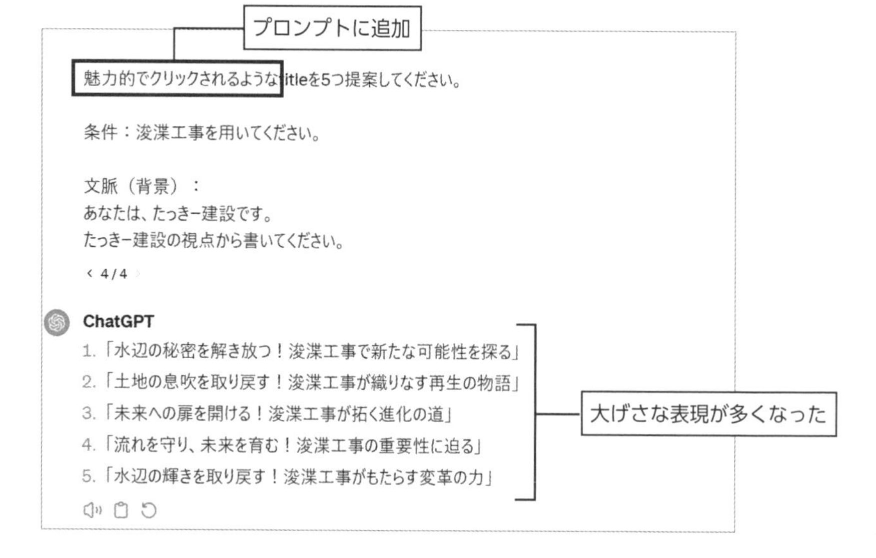

この『魅力的でクリックされるような・・・』という主観的プロンプトは、筆者としては、疑問を感じています。というのも、大げさに感じる生成結果となることが非常に多かったからです。「再生の物語」や「進化の道」などなど・・・。個人的にはあまりおすすめできません。

●descriptionの改善

descriptionは、文章の冒頭付近に狙ったキーワードを組み入れて、全体として、65〜100文字を推奨します。前述の3.2も参考にしてください。

なお、文字数調整の方法については3.4で前述していますので、合わせて参考にしてください。

上記を踏まえ、もしも「浚渫工事」を狙うなら、次のようなプロンプトになります。

▼図A-1-5 プロンプトとその回答例

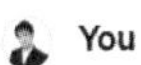

You

指示
descriptionを作成してください。

条件：
1.冒頭に"浚渫工事"を含め、文字数全体を100〜120文字にしてください。
2.文字数が100文字以上120文字以下であることを確認してください。
3.文字数が異なれば、修正してください。
4.条件を満たすまで繰り返してください。

ChatGPT

浚渫工事のため、湖や河川の底に蓄積した泥や砂を取り除きます。これにより水深を確保し、水路の流れを改善します。環境への影響を最小限に抑えながら、地域の水源や生態系を保護しつつ、効果的な浄化を実施します。

このように、titleとdescriptionにキーワードを組み入れることで、上位表示に近づけることができます。

A.2 Googleアナリティクス診断

この節の内容

- ユーザーの流れを読み解く
- 診断に基づいてページ改善
- Google Search Consoleを併用する

●Googleアナリティクスについて

Googleアナリティクスは、Webサイトのトラフィックを分析するために広く使用されている無料のWeb分析サービスです。

このツールはGoogleによって提供され、Webサイトの所有者が訪問者の行動を詳細に理解し、サイトのパフォーマンスを改善することを目的としています。

Googleアナリティクスを使用すると、Webサイトへの訪問者数、訪問者がサイトにどのように到達したか、どのページが最も人気があるか、ユーザーがサイト上でどのような行動を取っているかなど、さまざまな指標を追跡し分析することができます。

そして、これらのデータをもとにWebサイトの効果を評価し、ユーザーエクスペリエンスを向上させるための戦略を立てるために役立ちます。この情報を用いてマーケティング戦略を調整したり、サイトの内容や構造を改善したりすることができます。

ここからは、具体的にユーザーの行動について診断していきます。

●経路データ探索を診断する

図A-2-1のように、左メニューの「探索」から「経路データ探索」をクリックします。

図A-2-1　経路データ探索

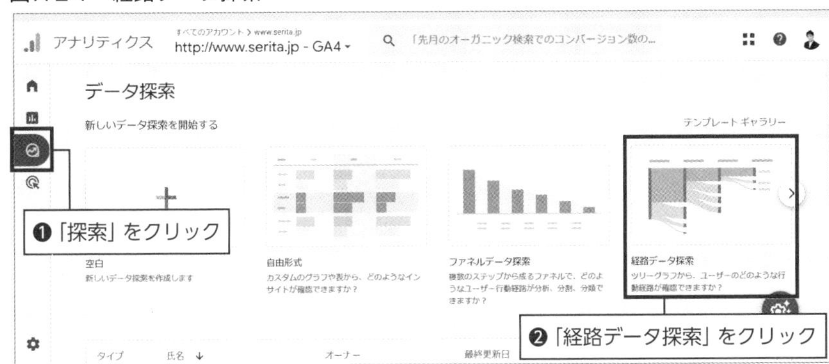

続いて、図A-2-2のように「ステップ＋１」の下にあるイベント名をクリックして、「ページパスとスクリーンクラス」を選択します。この後、経路を探索していきます。

「https://www.serita.jp/geology/soil-bearing/」が1722と、この１ヶ月間で一番多く見られています。URL部分をクリックすると、その先をたどることができます。

▼図A-2-2　経路をたどる

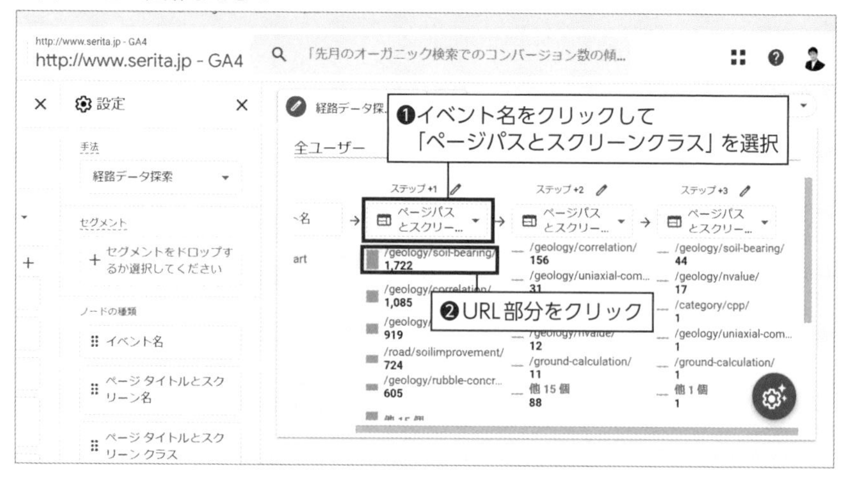

この経路データからは、最初のページから、多く離脱していることがわかります。

なお、該当のページは、地盤改良工事を行っている会社の「n値と地耐力(地耐力の算出方法)」というコラム記事です。なので、せっかくなら、このページで、地盤改良工事の案内も行うと、数字に変化が現れるかもしれません。

また、図A-2-3のように、Google Search Consoleで、「n値　地耐力」というキーワードを確認します。

▼図A-2-3　該当ページをGoogle Search Consoleで確認

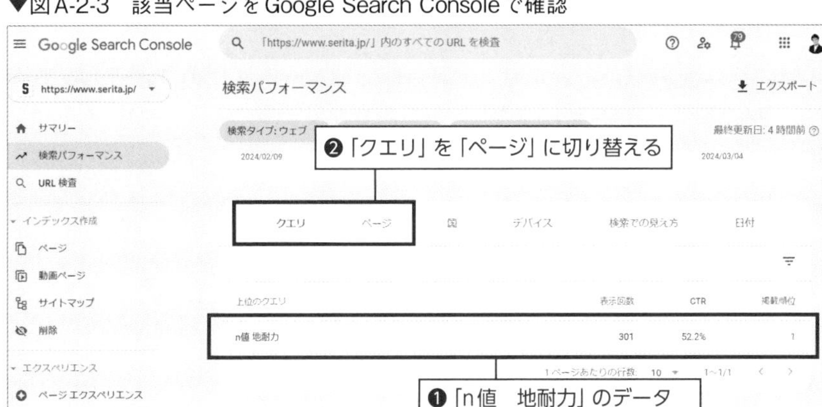

「クエリ」を「ページ」に切り替えます。すると、前出のコラム記事「https://www.serita.jp/geology/soil-bearing/」のページが、検索順位も1位です。図A-2-4をご覧ください。

▼図A-2-4　検索順位1位の確認ページ

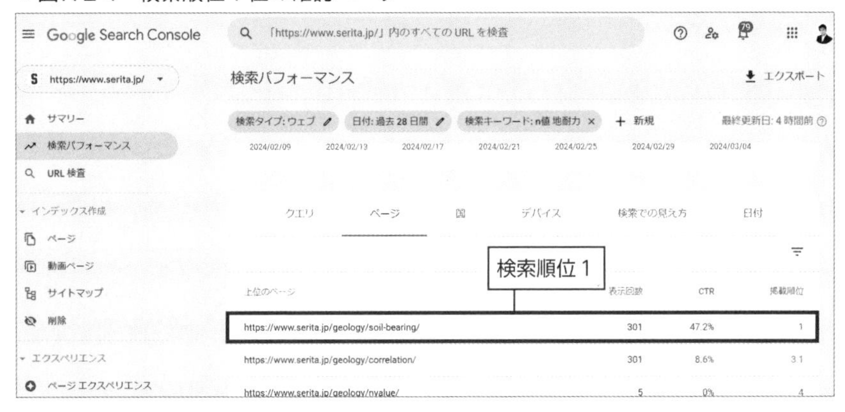

検索順位が1位であることも功を奏し、CTR（クリック率）は47.2%とかなり優秀な数値です。

ここまでの診断の結果から、大切なのは、一度ページを開いた人に対して、お問合せまでの導線をつくるという、この1点のみです。

このページの改善点

> ❶コラム記事だけではなく、お問合せにつながるためのアピール文章を作成し、お問合せにつなげる（離脱を防ぐ）
>
> ❷または、クロージングためのページでわかりやすくナビゲーションする

改善点は、以上の❶または❷となります。ここでは❶を採用し、図A-2-5のように生成AIに文章を作成してもらいます。

▼図A-2-5　プロンプトの事例

You
指示
下記テキストを組み入れて、お問合せにつながるような文章を作成してください。

文脈（背景）：あなたは、地盤改良工事をおこなうセリタ建設です。
　　　　　　　セリタ建設の視点から書いてください。

テキスト：
"""
究極なまでにシェイプされたアタッチメントで、
スピーディーな作業を実現。

現場の大小を問わず、スピーディーな作業で工期短縮。
プラント不要でコンパクトなボディにより施工可能。
現地土を再利用するため、経済的で環境に優しい。
十分な強度が早く現れ、工程をスムーズに進められる。
水を使わないので作業環境がドライ。
↓

```
### 指示 ###
下記テキストを組み入れて、お問合せにつながるような文章を作成してください。

文脈（背景）：あなたは、地盤改良工事をおこなうセリタ建設です。
　　　　　　　セリタ建設の視点から書いてください。

テキスト：
```

"""

究極なまでにシェイプされたアタッチメントで、
スピーディーな作業を実現。

現場の大小を問わず、スピーディーな作業で工期短縮。
プラント不要でコンパクトなボディにより施工可能。
現地土を再利用するため、経済的で環境に優しい。
(・・・以後省略)

"""

なおテキストについては、同じHP内部の、工事の内容が書いているページから拝借しています。

生成結果は図A-2-6になります。

▼図A-2-6　生成結果

セリタ建設では、地盤改良工事において最適なソリューションを提供しています。私たちの究極なまでにシェイプされたアタッチメントを使用することで、スピーディーな作業が可能です。工期の短縮に貢献し、プラント不要でコンパクトなボディにより、現場の大きさにかかわらず施工可能です。さらに、現地土を再利用することで経済的で環境にも優しい施工が実現します。

当社の地盤改良工法には、お客様のニーズに合わせて2種類のタイプがございます。「粉体改良方式」と「スラリー噴射方式」のどちらも、浅層混合処理工法において優れた効果を発揮します。特に、スラリー噴射方式は粉塵の発生を抑えながら、締固めの手間を省き、改良地盤の均質性を確保します。品質管理においても、スラリー量や撹拌深度を機械的に制御することで、万全の管理を行っております。

改良強度の最適化には、施工前の配合試験が重要です。セリタ建設では、お客様のプロジェクトに最適な配合設計を選択するために、専門知識と経験豊富なチームがサポート致します。

地盤改良工事に関するお問い合わせやご相談がございましたら、いつでもお気軽にご連絡ください。私たちはお客様のニーズに合わせた最適な解決策を提供いたします。

↓

この生成結果をコラムの下に組み入れることで、数字に変化があらわれる可能性もあります。生成AIを利活用すれば、時短でコンテンツを作成することができるため、数字の変化をもとに、まずはテストマーケティングを行ってみましょう。

索　引

さ行

た行

な行

は行

ま行

ら行

あとがき

本書『これからのAI×Webライティング本格講座 ChatGPTで超効率・超改善コンテンツSEO』を手に取っていただき、心より感謝申し上げます。

本書を通じて、AIとWebライティングの融合がもたらすSEOコンテンツ作成において、新たな可能性や展望が開けたら大変嬉しく思います。

読み進める中で、SEOとAI技術がどのように組み合わさり進化しているか、そして、その進化がWebライティングにどのように活用できるかを探ってきました。具体的には、ChatGPTなどの生成AIやその他のツールを使って、どのようにしてSEO戦略を立て、質の高いコンテンツを作り出すかについて、実践的な方法を紹介しました。

この過程で、特定のキーワードやフレーズを自然に記事に取り入れる技術、オリジナリティを保ちつつ内容を充実させる戦略、そしてこれらの要素を適切に組み合わせて質の高いコンテンツを作成する方法を深く掘り下げました。さらに、AIの力を借りてコンテンツ作成を効率化し、SEOを最大限に活用するための具体的なテクニックも公開しました。

しかし、AIの進歩と同様、SEOの世界もまた絶えず進化しています。本書で学んだ知識や技術を基盤として、さらに探求し、実践していくことも同時に必要です。

最終的には、AIと人間の協働が、より高品質なコンテンツを創出し、融合することで、未来のWebライティングはさらなる発展を遂げるに違いありません。

最後に、本書が皆様のSEO戦略を刷新し、Webライティングのスキルをさらに高める一助となれば幸いです。読了いただき、ありがとうございました。

瀧内　賢（たきうち さとし）

●著者紹介

瀧内 賢（たきうち さとし）

株式会社セブンアイズ　代表取締役
本社：福岡市　サテライトオフィス：長崎市
※2022.5～広島市にサテライトオフィス開設
福岡大学理学部応用物理学科卒業

SEO・DXコンサルタント、集客マーケティングプランナー
Webクリエイター上級資格者

・All Aboutの「SEO・SEMを学ぶ」ガイド
・宣伝会議　Webライティング講師
・福岡県よろず支援拠点コーディネーター
・福岡商工会議所登録専門家
・福岡県商工会連合会エキスパート・バンク 登録専門家
・広島商工会議所登録専門家
・熊本商工会議所エキスパート
・長崎県商工会連合会エキスパート
・大分県商工会連合会派遣登録専門家
・公益財団法人福岡県中小企業振興センター専門家派遣事業登録専門家
・佐賀県商工会連合会登録専門家
・摂津市商工会専門家
・熊本県商工会連合会専門家派遣事業専門家
・佐賀商工会議所専門家派遣事業登録専門家
・鳥栖商工会議所専門家派遣事業登録専門家
・小城商工会議所専門家派遣事業登録専門家
・唐津商工会議所専門家派遣事業登録専門家
・くまもと中小企業デジタル相談窓口専門家
・広島県商工会連合会エキスパート
・鹿児島県商工会連合会エキスパート
・山口エキスパートバンク事業登録専門家
・北九州商工会議所アドバイザー
・久留米商工会議所専門家
・宮崎商工会議所登録専門家

著書に「これからはじめるSEO内部対策の教科書」「これからはじめるSEO顧客思考の教科書」（ともに技術評論社）、「モバイルファーストSEO」（翔泳社）、「これからのSEO内部対策本格講座」「これからのSEO　Webライティング本格講座」（ともに秀和システム）、「これだけやれば集客できる はじめてのSEO」（ソシム）、「これからのWordPress SEO 内部対策本格講座」「これからのAI×Webライティング本格講座 ChatGPTで超時短・高品質コンテンツ作成」「これからのAI × Webライティング本格講座 画像生成AIで超簡単・高品質グラフィック作成」（ともに秀和システム）がある。

ChatGPTなどDX関連セミナー・研修はこれまで250回以上。月間コンサル数は平均120件前後。

※本書は2024年4月現在の情報に基づいて執筆されたものです。
本書で取り上げているソフトウェアやサービスの内容は、告知無く変更になる場合があります。あらかじめご了承ください。

■カバーデザイン / 本文イラスト
高橋康明

これからのAI×Webライティング本格講座　ChatGPTで超効率・超改善コンテンツSEO

発行日　2024年　5月27日　　第1版第1刷

著　者　瀧内　賢

発行者　斉藤　和邦
発行所　株式会社　秀和システム
〒135-0016
東京都江東区東陽2-4-2　新宮ビル2F
Tel 03-6264-3105（販売）Fax 03-6264-3094
印刷所　三松堂印刷株式会社　　Printed in Japan

ISBN978-4-7980-7227-2 C3055

定価はカバーに表示してあります。
乱丁本・落丁本はお取りかえいたします。
本書に関するご質問については、ご質問の内容と住所、氏名、電話番号を明記のうえ、当社編集部宛FAXまたは書面にてお送りください。お電話によるご質問は受け付けておりませんのであらかじめご了承ください。